从前门到精通

短视频剪辑

卫琳 和孟佯 主编

清华大学出版社

北京

内容简介

本书是一本帮助多媒体短视频创作者快速、系统地掌握剪映手机版软件及电脑版软件，对视频进行后期处理，提高视频剪辑技术水平的专业工具书。本书共分 10 章，循序渐进地介绍了使用剪映进行短视频剪辑的各种操作技巧，涵盖了剪映基础操作、剪辑技巧、调色技巧、运用特效、添加字幕、音频卡点、使用爆款模板、添加片头和片尾、电脑专业版应用以及综合实例操作等内容。

本书全彩印刷，案例精彩实用，剪辑心得及技法描述通俗易懂。本书提供与书中内容同步的案例操作教学视频，读者可扫描书中二维码进行学习。同时，本书还提供案例配套的视频练习文件（包括原始素材和效果文件），读者可扫描前言中的二维码获取。本书具有很强的实用性和可操作性，是短视频创作爱好者及希望成为视频自媒体工作人员的首选参考书。

本书对应的配套资源可以到 http://www.tupwk.com.cn/downpage 网站下载，也可以通过扫描前言中的二维码下载。

图书在版编目(CIP)数据

剪映短视频剪辑从入门到精通 / 卫琳，和孟佯主编. —北京：清华大学出版社，2023.1

（2023.11重印）

ISBN 978-7-302-62391-5

Ⅰ. ①剪… Ⅱ. ①卫… ②和… Ⅲ. ①视频编辑软件 Ⅳ. ①TP317.53

中国版本图书馆CIP数据核字(2022)第253135号

责任编辑：胡辰浩
封面设计：高娟妮
版式设计：妙思品位
责任校对：成凤进
责任印制：曹婉颖

出版发行：清华大学出版社

   网 址：https://www.tup.com.cn，https://www.wqxuetang.com

   地 址：北京清华大学学研大厦A座 邮 编：100084

   社 总 机：010-83470000 邮 购：010-62786544

   投稿与读者服务：010-62776969，c-service@tup.tsinghua.edu.cn

   质 量 反 馈：010-62772015，zhiliang@tup.tsinghua.edu.cn

印 装 者：河北华商印刷有限公司

经 销：全国新华书店

开 本：148mm×210mm 印 张：8.5 字 数：411千字

版 次：2023年1月第1版 印 次：2023年11月第2次印刷

定 价：88.00元

产品编号：097930-01

前言

相比专业的电脑视频后期软件，剪映是一款专门用于移动端，且简单易上手的视频编辑软件，对于想创作短视频的新手来说相当友好。如今以抖音为首的短视频平台更是占据了人们大部分日常生活的娱乐时间，而剪映正是抖音官方出品的快速后期剪辑软件，通过学习剪映的视频后期剪辑技术，广大的短视频创作者可以掌握"爆款"视频的创作规律，从而获得平台流量的财富密码。

本书合理安排知识结构，从剪映的界面讲起，让读者了解时间轴、轨道、关键帧等基本概念，进而学习如何为视频添加滤镜、特效、字幕、音频等操作方法，并对剪映专业版（电脑版）进行介绍，让各位读者具备制作精彩短视频的能力。

本书在进行案例讲解时，都配备相应的教学视频，读者可以随时扫码学习。此外，本书提供每章案例操作的练习文件和效果文件，读者可以扫描右侧的二维码或登录本书信息支持网站(http://www.tupwk.com.cn/downpage)下载相关资料。

配套资源

由于作者水平有限，本书难免有不足之处，欢迎广大读者批评指正。我们的邮箱是 992116@qq.com，电话是 010-62796045。

编者

2022 年 10 月

第1章　初试剪映——新手入门

1.1 剪映：简单而强大的视频剪辑 App ……… 2

    1.1.1 后期剪辑的剪映理念 ……………… 2

    1.1.2 使用手机下载并安装剪映 ……… 3

    1.1.3 认识剪映界面 ……………………… 4

1.2 剪映初体验：掌握基础操作 ………… 5

    1.2.1 导入素材 ……………………………… 5

    1.2.2 时间轴操作方法 ………………… 7

    1.2.3 轨道操作方法 …………………… 8

    1.2.4 进行简单剪辑 ……………………… 10

    1.2.5 导出视频 ………………………… 14

1.3 关联抖音：剪映的平台共享 ……………… 16

    1.3.1 剪映发布到抖音 ………………… 16

    1.3.2 分享到西瓜视频等平台 ………… 19

第2章　剪辑技巧——剪映进阶操作

2.1 剪辑视频：视频的基础剪辑处理 ……… 22

    2.1.1 分割视频素材 …………………… 22

    2.1.2 复制与替换素材 ………………… 24

    2.1.3 使用【编辑】功能 ……………… 26

    2.1.4 添加关键帧 ……………………… 28

    2.1.5 【防抖】和【降噪】功能 ……… 30

2.2 变幻时光：变速、定格、倒放视频 …… 32

    2.2.1 常规变速和曲线变速 ………… 32

    2.2.2 制作定格效果 …………………… 34

    2.2.3 倒放视频 ………………………… 37

2.3 使用画中画和蒙版：
营造特殊区域效果 ···················· **37**

2.3.1 使用【画中画】功能 ············· 37

2.3.2 添加蒙版 ························· 39

2.3.3 实现一键抠图 ···················· 41

2.4 背景画布：让画面不再单调 ········ **44**

2.4.1 添加纯色画布 ···················· 44

2.4.2 选择画布样式 ···················· 47

2.4.3 设置画布模糊 ···················· 48

第 3 章 调色技巧——用色随心所欲

3.1 调色工具：基本调节色彩操作 ········· **50**

3.1.1 使用【调节】功能手动调色····· 50

3.1.2 使用【滤镜】功能一键调色····· 53

3.2 人像调色：美白靓丽的诀窍 ········ **55**

3.2.1 调出美白肤色 ···················· 55

3.2.2 人像磨皮瘦脸 ···················· 59

3.3 景物调色：呈现时移景易的变化 ········ **61**

3.3.1 橙蓝夜景调色 ···················· 61

3.3.2 古风建筑调色 ···················· 64

3.3.3 明艳花卉调色 ···················· 67

3.3.4 纯净海天调色 ···················· 71

3.4 日、港、赛博系色调：
充满浪漫的异色情调 ···················· **74**

3.4.1 青橙透明的日系色调 ············· 74

3.4.2 复古港风色调 ···················· 78

3.4.3 渐变赛博系色调···················· 81

第4章 特效盛宴——创意无限的乐趣

4.1 热门特效：花样繁多应有尽有 ………… **86**

4.1.1 认识特效界面 ……………… 86

4.1.2 制作梦幻风景 ……………… 87

4.1.3 变身漫画人物 ……………… 90

4.1.4 叠加多重特效 ……………… 94

4.2 动画贴纸：妙趣横生的点缀 ………… **99**

4.2.1 添加普通贴纸 ……………… 99

4.2.2 添加自定义贴纸 …………… 101

4.2.3 添加特效贴纸 …………… 101

4.2.4 添加边框贴纸 …………… 102

4.3 转场效果：流畅无缝地转换场景 …… **106**

4.3.1 基础转场 ……………… 106

4.3.2 特效转场 ……………… 107

4.3.3 幻灯片 ……………… 108

4.3.4 遮罩转场 ……………… 108

4.3.5 运镜转场 ……………… 109

第5章 添加字幕——丰富视频信息

5.1 制作字幕：阐释视频的主题 …………… **112**

5.1.1 添加基本字幕 …………… 112

5.1.2 调整字幕 ……………… 113

5.1.3 设置字幕样式 …………… 114

5.2 语音识别：无须输入自动识别文字 … **119**

5.2.1 语音自动识别为字幕 …… 119

5.2.2 字幕转换为语音 ………… 123

5.2.3 识别歌词 ……………… 126

5.3 动画字幕：营造趣味性文字·········· **127**

  5.3.1 插入花字 ······························· 127

  5.3.2 制作打字动画效果 ················ 128

  5.3.3 使用文字贴纸 ····················· 132

  5.3.4 制作镂空文字开场 ·············· 133

  5.3.5 使用文字模板 ····················· 136

第 6 章　音频卡点——打造音乐节奏

6.1 添加音频：本地音乐库和导入音乐 ···· **138**

  6.1.1 从音乐库和抖音中选取音频··· 138

  6.1.2 导入本地音乐 ····················· 140

  6.1.3 提取视频音乐 ····················· 140

6.2 处理音频：编辑音频的基本操作 ······· **142**

  6.2.1 添加音效 ···························· 142

  6.2.2 调节音量 ···························· 143

  6.2.3 音频淡入淡出处理 ·············· 144

  6.2.4 复制音频 ···························· 147

  6.2.5 音频降噪 ···························· 147

6.3 音频变声：轻松实现特殊噪音 ········· **148**

  6.3.1 录制声音 ···························· 148

  6.3.2 变速声音 ···························· 149

  6.3.3 变声处理 ···························· 150

6.4 变速卡点：让音乐融入场景 ············· **151**

  6.4.1 手动踩点 ···························· 151

  6.4.2 自动踩点 ···························· 152

  6.4.3 结合蒙版卡点 ····················· 158

第 7 章　爆款模板——快剪流行短视频

7.1　变色花朵：多彩吸睛惹人爱 ·········· **164**

7.2　漫画特效：漫画和真人反转 ·········· **166**

7.3　图文混排：编辑应用模板 ············· **168**

7.4　变成三岁：奇妙返老还童术 ·········· **172**

7.5　三维夜景：动感夜色照片 ············· **174**

7.6　萌宠视频：记录可爱猫猫 vlog ········ **176**

7.7　慢放走路：强调独立之美 ············· **179**

7.8　动感相册：朋友圈中最有型 ·········· **181**

第 8 章　片头与片尾——头尾呼应的奥妙

8.1　创意片头：引人注目的开始 ············ **186**

　8.1.1　选择自带片头 ············· 186

　8.1.2　分割开头文字 ············· 190

　8.1.3　电影开幕片头 ············· 196

8.2　特色片尾：回味无穷的结束 ············ **201**

　8.2.1　添加片尾模板 ············· 201

　8.2.2　电影谢幕片尾 ············· 204

第 9 章　剪映专业版——掌握电脑版剪映

9.1　各有优势：
手机版剪映与专业版剪映的异同 ······· **208**

　9.1.1　手机版剪映和

　　　　剪映专业版的优势 ················ 208

　9.1.2　剪映专业版的界面 ················ 209

9.2 类似手机版功能:
剪映专业版重要功能 ·············· **211**

   9.2.1 剪映专业版的画中画 ·········· 211

   9.2.2 通过【层级】确定视频轨道的

       覆盖关系 ···················· 212

   9.2.3 剪映专业版的蒙版 ··········· 213

   9.2.4 剪映专业版的转场 ··········· 216

   9.2.5 剪映专业版的特效 ··········· 217

9.3 剪映案例应用:
制作音乐转场卡点视频 ·········· **219**

第 10 章 综合案例——短视频剪辑实操

10.1 制作分屏短视频 ·············· **228**

10.2 制作九宫格相册 ·············· **231**

10.3 制作唯美古风 MV ············ **244**

10.4 制作季节更送视频 ·········· **256**

第 1 章

初试剪映——新手入门

随着自媒体的发展，短视频剪辑工具越来越多，功能也越来越强大。剪映 App 是抖音推出的一款视频剪辑软件，拥有全面的剪辑功能。本章将带领读者开始认识剪映，介绍剪映 App 的基础操作方法。

1.1 剪映：简单而强大的视频剪辑 App

剪映是一款手机视频编辑工具软件，带有全面的剪辑功能，支持变速，有多种滤镜和美颜的效果，并包含丰富的曲库资源。剪映支持在手机移动端、Pad 端、macOS 电脑、Windows 电脑全终端使用。本书主要介绍在手机端上的剪映 App 操作应用，以及简单介绍有关 Windows 电脑端剪映的操作内容。

1.1.1 后期剪辑的剪映理念

短视频的拍摄和剪辑讲究时效性和轻量化，而剪映能用一部手机就可以完成拍摄、编辑、分享等一系列工作，满足现代人对编辑短视频的需求。剪映 App 的编辑短视频的操作界面如图 1-1 所示。

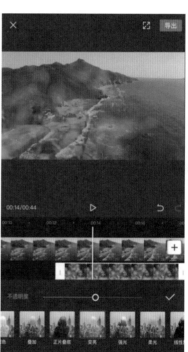

图 1-1

对于剪辑而言，处理短视频的思路尤为重要。下面介绍一些剪映剪辑短视频后期的思路理念。

🍃 提高视频信息密度：为了能够在很短的时间内迅速抓住观众的眼球，并且讲清楚一件事，需要视频的信息密度很大。信息密度即为画面内容变化的速度，如果画面的变化速度相对较快，观众就可以不断获得新的信息，从而迅速了解完整的视频内容。

🔵 制造片段之间的差异：一段完整的视频通常由几个视频片段组成，创作者可以根据其差异性来确定将哪两个片段衔接在一起。跨度较大的画面会让观众无法预判下一个场景将会是什么，从而激发其好奇心，并吸引其看完整个视频。此外还可以通过变速曲线等功能造成差异，让视频效果更加多样化。

🔵 利用文字强调内容：在剪辑有语言的视频时，可以让画面中出现部分需要重点强调的词汇，并利用剪映中丰富的字体样式及文字动画效果，让视频更具娱乐性。注意语言和文字需要同步，方可体现视频的节奏感。

🔵 选择适当的背景音乐：对于视频而言，画面才是最重要的，如果因为背景音乐声音太大而影响了画面的表现，就会得不偿失，尤其是用来营造氛围的背景音乐只需保持刚好能听到即可。

1.1.2 使用手机下载并安装剪映

下载与安装剪映 App 的方法非常简单，读者只需在手机自带的应用商店中搜索【剪映】并安装即可。安卓和苹果系统的手机使用方法类似。下面以安卓系统手机为例，介绍下载和安装剪映 App 的方法。

首次安装剪映，读者需要打开手机并点击自带应用市场 App，如图 1-2 所示。在应用市场界面中输入"剪映"，然后点击搜索按钮🔍，如图 1-3 所示。

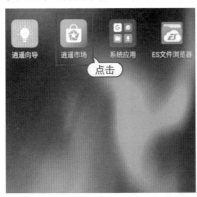

图 1-2

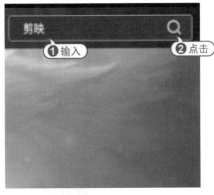

图 1-3

打开应用详情页，可查看应用信息，点击【下载】按钮，即可下载剪映 App，如图 1-4 所示。

安装完毕后，点击【启动】按钮，即可打开该软件，如图 1-5 所示。或者在手机桌面上找到剪映应用图标，点击即可打开。

提示：

　　手机应用的安装方法大同小异，部分 Android 系统手机中的安装过程可能略有不同，上述安装方法仅供参考，以实际操作为准。在苹果 iOS 手机中是在【App Store】中下载安装。

图 1-4　　　　　　　　　　　　　图 1-5

1.1.3　认识剪映界面

剪映的工作界面相当简洁明了，各工具按钮下方附有相应文字，读者对照文字即可轻松明了各工具的作用。下面将剪映界面分为主界面和编辑界面进行介绍。

1．主界面

打开剪映，首先进入主界面，如图 1-6 所示。通过点击界面底部的【剪辑】按钮、【剪同款】按钮、【创作课堂】按钮、【消息】按钮和【我的】按钮，可以切换至对应的功能界面。

图 1-6

2．编辑界面

在主界面中点击【开始创作】按钮，进入素材添加界面，如图 1-7 所示，在选中相应素材并点击【添加】按钮后，即可进入视频编辑界面。

视频编辑界面主要分为预览区域、轨道区域、工具栏区域等，其界面组成如图 1-8 所示。

图 1-7

图 1-8

剪映的基础功能和其他视频剪辑软件类似，都具备视频剪辑、音频剪辑、贴纸、滤镜、特效等编辑功能。相对于其他软件，剪映的功能更加全面快捷，并能无损应用到抖音等社交媒体中。

1.2 剪映初体验：掌握基础操作

在开始后续章节的学习前，可以在剪映中完成自己的第一次剪辑创作，以此掌握其中的流程和基础操作。

1.2.1 导入素材

在完成剪映的下载和安装后，读者可在手机桌面上找到对应的软件图标，点击该图标启动软件，进入主界面后，点击【开始创作】按钮即可新建剪辑项目。

扫一扫 看视频

01 在剪映主界面中点击【开始创作】按钮，如图 1-9 所示。

02 进入素材添加界面，选中一个视频素材，然后点击【添加】按钮，如图 1-10 所示。

图 1-9

图 1-10

03 此时会进入视频编辑界面，可以看到选择的素材被自动添加到了轨道区域，同时在预览区域可以查看视频画面效果，如图 1-11 所示。

04 按住视频轨道上的头尾两条白边并拖动，可以缩放时间的长短，如图 1-12 所示。

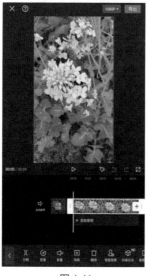

图 1-11

图 1-12

1.2.2 时间轴操作方法

轨道区域中那条竖直的白线就是"时间轴"，随着时间轴在视频轨道上移动，预览区域就会显示当前时间轴所在那一帧的画面。在轨道区域的最上方是一排时间刻度。通过这些刻度，用户可以准确判断当前时间轴所在的时间点，如图 1-13 所示。随着视频轨道被"拉长"或者"缩短"，时间刻度的"跨度"也会跟着变化，如图 1-14 所示。

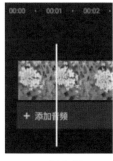
图 1-13

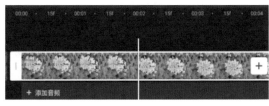
图 1-14

01 利用时间轴可以精确定位到视频中的某一帧（时间刻度的跨度最小可以达到2.5帧 / 节点）。图 1-15 所示为将时间轴定位于 1 秒后 10 帧 (10f) 处。

02 使用双指操作，可以拉长（两个手指分开）或缩短（两个手指并拢）视频轨道。图 1-16 所示为在图 1-15 的基础上继续拉长轨道。

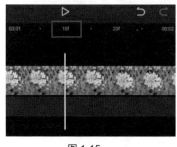

图 1-15

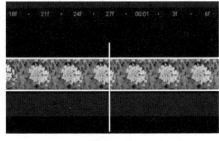
图 1-16

> **提示：**
>
> 在处理长视频时，由于时间跨度比较大，因此从视频开头移到视频末尾就需要较长的时间。此时可以将视频轨道"缩短"，从而让时间轴移动较短距离，即可实现视频时间刻度的大范围跳转。

1.2.3 轨道操作方法

在视频后期过程中，绝大多数时间都是在处理"轨道"，读者掌握了对轨道进行操作的方法，就代表迈出了视频后期的第一步。

1. 调整同一轨道上不同素材的顺序

通过调整轨道，可以快速调整多段视频的排列顺序。

🔵 缩短时间线，让每一段视频都能显示在编辑界面，如图 1-17 所示。

🔵 长按需要调整位置的视频片段，该视频片段会以方块形式显示，将其拖曳到目标位置，如图 1-18 所示。手指离开屏幕后，即可完成视频素材顺序的调整。

图 1-17

图 1-18

2. 通过轨道实现多种效果同时应用到视频

在同一时间段内可以具有多个轨道，如音乐轨道、文本轨道、贴图轨道、滤镜轨道等。当播放这段视频时，就可以同时加载覆盖了这段视频的一切效果，最终呈现出丰富多彩的视频画面。图 1-19 所示为添加了 2 层滤镜轨道的视频效果。

3. 通过轨道调整效果覆盖范围

在添加文字、音乐、滤镜、贴纸等效果时，对于视频后期，都需要确定覆盖的范围，即确定从哪个画面开始，到哪个画面结束应用这种效果。

🔵 移动时间轴确定应用该效果的起始画面，然后长按效果轨道并拖曳（此处以滤镜轨为例），将效果轨道的左侧与时间轴对齐，当效果轨道移到时间轴白线附近时，就会被自动吸附过去，如图 1-20 所示。

图 1-19 图 1-20

接下来移动时间轴，确定效果覆盖的结束画面，点击一下效果轨道，使其边缘出现"白框"，如图 1-21 所示。拉动白框右侧部分，将其与时间轴对齐。同样，当效果条拖动至时间线附近后，会被自动吸附，所以不必担心能否对齐的问题，如图 1-22 所示。

图 1-21 图 1-22

1.2.4 进行简单剪辑

利用剪映 App 自带的剪辑工具，用户可以进行简单且效果显著的视频后期操作，如分割、添加滤镜、添加音频等操作。

1. 剪辑视频片段

有时即使整个视频只有一个镜头，也可能需要将多余的部分删除，或者将其分成不同的片段，重新进行排列组合。

01 延续 1.2.2 节实例操作，导入视频片段后，点击【剪辑】按钮，如图 1-23 所示。

02 拖动轨道，调整时间轴至 3 秒后，点击【分割】按钮，如图 1-24 所示。

图 1-23   图 1-24

03 此时单个视频被分割成 2 个视频片段，选中第 2 个片段，点击【删除】按钮，如图 1-25 所示。

04 此时保留了前面一个片段，即原视频前 3 秒的内容，如图 1-26 所示。

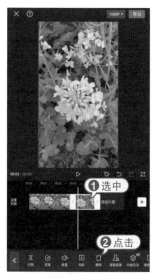
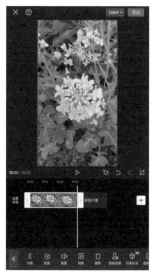

图 1-25　　　　　　　　　　　图 1-26

2．调节画面

与图片后期相似，一段视频的影调和色彩也可以通过后期来调整。

01 在剪映中，点击【调节】按钮，如图 1-27 所示。

02 在打开的【调节】选项卡中选择【亮度】【对比度】【高光】【饱和度】等工具，拖动滑动条，最后点击 ✓ 按钮，如图 1-28 所示，即可调整画面的明暗和影调。

图 1-27　　　　　　　　　　　图 1-28

03 也可以选择【滤镜】选项卡，选择一种滤镜后，调节滑块控制滤镜的强度，然后点击✓按钮，如图 1-29 所示。

04 返回编辑界面，显示多了一层滤镜轨道，如图 1-30 所示。

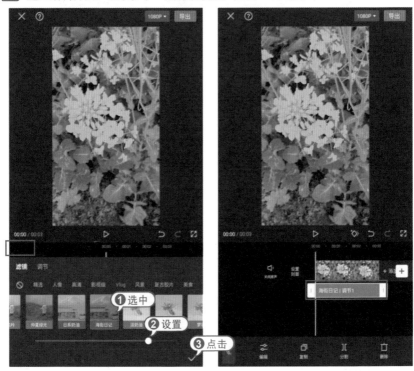

图 1-29　　　　　　　　　　　　　图 1-30

3. 添加音乐

对画面进行润色后，视频的视觉设置基本确定。接下来需要对视频进行配乐，进一步烘托短片所要传达的情绪与氛围。

01 在剪映中，点击视频轨道下方的【添加音频】按钮，如图 1-31 所示。

02 点击界面左下角的【音乐】按钮，即可选择背景音乐，如图 1-32 所示。若在该界面点击【音效】，则可以选择一些简短的音频，以针对视频中某个特定的画面进行配音。

03 进入【添加音乐】界面后，点击音乐右侧的【下载】按钮，即可下载该音频，如图 1-33 所示。

04 下载完成后，按钮会变为【使用】按钮，点击【使用】按钮即可使用该音乐，如图 1-34 所示。

图 1-31

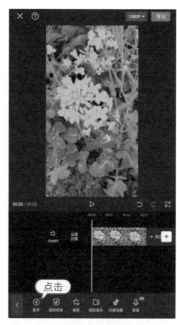

图 1-32

图 1-33

图 1-34

05 此时新增音频轨道，默认排列在视频轨道下面，如图 1-35 所示。

06 选中音频轨道，拖动白色边框并缩短到和视频长度一致，如图 1-36 所示。

图 1-35

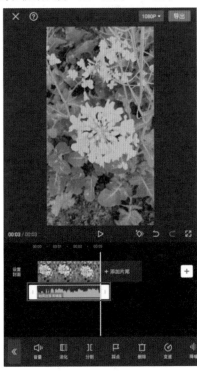

图 1-36

1.2.5 导出视频

对视频进行剪辑、润色并添加背景音乐后，可以将其导出保存，或者上传到抖音、头条等 App 中进行发布。导出的视频通常存储在手机相册中，用户可以随时在相册中打开视频进行预览，或分享给其他人欣赏。

01 在界面右上角点击【导出】按钮，如图 1-37 所示，剪辑项目开始自动导出，在等待过程中不要锁屏或切换程序。

02 导出完成后，在输出完成界面中可以选择将视频分享至抖音或其他 App 中，点击【完成】按钮退出界面，如图 1-38 所示。

03 视频将自动保存到手机相册和剪映草稿内，这里我们在相册内找到导出视频，如图 1-39 所示。

04 点击视频中的【播放】按钮，即可播放视频，如图 1-40 所示。

图 1-37

图 1-39

图 1-38

图 1-40

1.3 关联抖音：剪映的平台共享

随着智能手机和5G网络的发展，拍摄和剪辑短视频后可以即时发送到社交媒体平台上进行发布和分享。剪映作为抖音平台主要的视频剪辑软件，支持用户使用抖音账号登录并共享视频。此外用户还可以在快手、西瓜视频、微视等平台发布和共享短视频。

1.3.1 剪映发布到抖音

《抖音》是由字节跳动公司开发的一款音乐创意短视频社交软件。该软件于2016年9月20日上线，是一个面向全年龄段的短视频社区平台，用户可以通过这款软件选择歌曲，拍摄音乐作品。

其界面如图1-41所示，主要显示用户关注和推荐给用户的短视频列表，点击即可打开要看的视频。在消息页可以看到粉丝、互动消息和活动通知等，如图1-42所示。

图 1-41　　　　　　　　　　图 1-42

抖音平台的特色主要有以下几点。

💭 音乐唱跳，特色贴纸：音乐唱跳是抖音的特色之一，这也是吸引众多热爱音乐、跳舞的年轻人入驻抖音平台的重要原因。此外，抖音推出了众多特效贴纸及滤镜效果，帮助年轻用户拓展趣味的玩法。

💭 拍摄短故事视频：抖音是一个短视频音乐平台，更多的复杂功能会倾向于短视频的制作。最长支持用户上传30分钟的视频，但推荐视频更多的是基于短视频推荐算法，长视频并没有大力推广。

💭 提供热搜话题：用户在搜索区域可以看到抖音的热搜和热门话题，同时根据用户喜好提供相关搜索建议。用户可以根据这些热搜找到自己感兴趣的内容，增加了社交性和互动性，也让创作短视频和当下热点产生联系。

使用抖音账号登录剪映，首先在剪映的主界面中点击下方的【我的】按钮，如图1-43所示。选中同意协议的文字单选按钮，然后点击【抖音登录】按钮，如图1-44所示。

图 1-43

图 1-44

在剪映中完成视频项目的处理后，在视频编辑界面点击【导出】按钮，如图1-45所示。导出完成后，剪映支持用户将视频"一键分享到抖音"，点击【抖音】按钮即可，如图1-46所示。

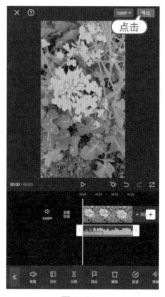

图 1-45

图 1-46

此时跳转至抖音 App，用户可以在抖音中对视频进行二次加工处理，完成后点击【下一步】按钮，如图 1-47 所示。打开发布界面，点击【发布】按钮，即可在抖音中发布该视频，如图 1-48 所示。

图 1-47

图 1-48

1.3.2 分享到西瓜视频等平台

西瓜视频是字节跳动公司旗下的个性化短视频平台,它可以通过人工智能帮助每个人发现自己感兴趣的视频类型,并帮助视频创作者轻松地向外界分享自己的视频作品。用户可以单独下载西瓜视频 App 进行使用,界面如图 1-49 所示;也可以从今日头条 App 上打开,点击今日头条界面中的【西瓜视频】即可打开,如图 1-50 所示。

图 1-49

图 1-50

西瓜视频平台的特色主要有以下几点。

🍃 长短兼备:西瓜视频不仅具有趣味、高效的短视频,还有内容更专业和丰富、信息更体系化的长视频。在运营方面,西瓜视频灵活地将各类视频的优劣进行互补,让用户黏性极大增强。

🍃 高额补贴:西瓜视频有一套成熟的培训体系,并且能提供定期的技能培训,可以帮助创作者快速在西瓜视频成为专业的内容生产者。此外,西瓜视频有利好的政策扶持,能够帮助短视频创业者实现商业变现。

🍃 引入版权:内容是行业竞争的壁垒,有了更专业的内容,就可以沉淀更多高质量的用户,极大地降低获取用户的成本。因此,西瓜视频引入了大量国内外的优秀电影资源,以及保护创作短视频用户的各种原创权益。

要使用剪映将短视频发布到西瓜视频上，可以先导出视频，然后点击【西瓜视频】按钮将其关联到西瓜视频平台上，如图 1-51 所示，其操作和关联抖音的操作方法相同。使用剪映也可以将短视频发布到今日头条上，点击【更多活动】链接，然后点击弹出的【今日头条】按钮，如图 1-52 所示。

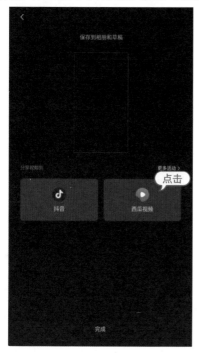

图 1-51

图 1-52

提示：

现在剪映的直接分享功能只局限在字节跳动本公司旗下的几款软件平台上，对于例如快手、微视、美拍、哔哩哔哩等短视频平台，可以把在剪映中编辑好的短视频存在手机相册内，然后进入其他各平台进行分享和发布。

第 2 章

剪辑技巧——剪映进阶操作

　　短视频的编辑工作是一个不断完善和精细化原始素材的过程。作为短视频的创作者，要掌握剪映 App 中剪辑工具的操作方法。本章将为读者介绍剪映的一系列编辑操作，帮助读者快速掌握剪辑进阶技法。

2.1 剪辑视频：视频的基础剪辑处理

在剪映中，可以使用分割工具分割素材，使用替换功能替换不适合的素材，使用关键帧控制视频效果，使用防抖和降噪功能消除原始视频的瑕疵，这些都属于视频的基础剪辑操作。

2.1.1 分割视频素材

当需要将视频中的某部分删除时，可使用分割工具。此外，如果想调整一整段视频的播放顺序，同样需要先利用分割功能将其分割成多个片段，然后对播放顺序进行重新组合。

01 在剪映中导入一个视频素材，如图 2-1 所示。

02 确定起始位置为 10 秒处，点击【剪辑】按钮，如图 2-2 所示。　扫一扫　看视频

图 2-1　　　　　　　　　　　　图 2-2

03 点击【分割】按钮，如图 2-3 所示。

04 此时原来的一段视频变为两段视频，选中第 1 段视频，然后点击【删除】按钮将其删除，如图 2-4 所示。

图 2-3

图 2-4

05 调整时间轴至 8 秒处，点击【分割】按钮，如图 2-5 所示。

06 选中第 2 段视频，然后点击【删除】按钮将其删除，如图 2-6 所示。

图 2-5

图 2-6

07 最后仅剩8秒左右的视频片段,点击上方的【导出】按钮导出视频,如图2-7所示。

08 在剪映素材库的【照片视频】|【视频】中可以找到导出的 8 秒视频,如图 2-8所示。

图 2-7

图 2-8

2.1.2 复制与替换素材

如果在视频编辑过程中需要多次使用同一个素材,通过多次导入素材操作是一件比较麻烦的事情,而通过复制素材操作,可以有效地节省时间。

在剪映项目中导入一段视频素材,在该素材处于选中状态时,点击底部工具栏中的【复制】按钮,如图2-9所示。

此时在原视频后自动粘贴一段完全相同的素材,如图 2-10 所示。读者可以编辑复制的第 2 个视频素材,然后和第 1 个视频素材进行对比。

在进行视频编辑处理时,如果读者对某个部分的画面效果不满意,若直接删除该素材,可能会对整个剪辑项目产生影响。想要在不影响剪辑项目的情况下换掉不满意的素材,可以通过剪映中的【替换】功能轻松实现。

选中需要进行替换的素材片段,在底部工具栏中点击【替换】按钮,如图 2-11所示。进入素材添加界面,点击要替换为的素材,如图 2-12 所示,即可完成替换。

图 2-9

图 2-10

图 2-11

图 2-12

2.1.3 使用【编辑】功能

如果前期拍摄的画面有些歪斜，或者构图存在问题，那么通过【编辑】功能中的【旋转】【镜像】【裁剪】等工具，可以在一定程度上进行弥补。但需要注意的是，除了【镜像】工具，另外两种工具都会或多或少降低画面像素。

扫一扫　看视频

01 在剪映中导入一个视频素材，点击【编辑】按钮，如图2-13所示。

02 此时看到有3种操作可供选择，分别为【旋转】【镜像】【裁剪】，点击【裁剪】按钮，如图2-14所示。

图 2-13

图 2-14

03 进入裁剪界面。通过调整白色裁剪框的大小，再加上移动被裁剪的画面，即可确定裁剪位置，如图2-15所示。

提示：

　　一旦选定裁剪范围后，整段视频画面均会被裁剪，并且裁剪界面中的静态画面只能是该段视频的第一帧。因此，如果需要对一个片段中画面变化较大的部分进行裁剪，则建议先将该部分截取出来，然后单独导出，再打开剪映，导入该视频进行裁剪操作，这样才能更准确地裁剪出自己喜欢的画面。

04 点击裁剪界面下方的比例按钮，即可固定裁剪框比例进行裁剪，比如选择【16:9】比例，然后点击✔按钮即可保存该操作，如图 2-16 所示。

图 2-15　　　　　　　　　　　　图 2-16

05 调节界面下方的【标尺】，即可对画面进行旋转，如图 2-17 所示。对于一些拍摄歪斜的素材，可以通过该功能进行校正。点击【重置】按钮可返回原始状态。

06 点击编辑界面的【镜像】按钮，视频画面会与原画面形成镜像对称，如图 2-18 所示。

图 2-17　　　　　　　　　　　　图 2-18

07 点击【旋转】按钮，则可根据点击的次数，分别旋转 90°、180°、270°，这一操作只能调整画面的整体方向，如图 2-19 所示。

08 导出视频后，可以在手机相册内播放视频，如图 2-20 所示。

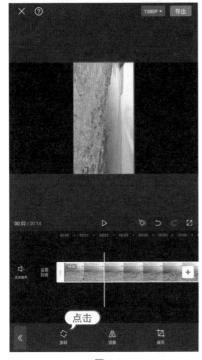

图 2-19

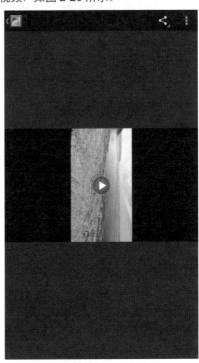

图 2-20

2.1.4　添加关键帧

添加关键帧可以让一些原本非动态的元素在画面中动起来，或让一些后期增加的效果随时间渐变。

如果在一条轨道上添加了两个关键帧，并且在后一个关键帧处改变了显示效果，如放大或者缩小画面，移动图形位置或蒙版位置，修改了滤镜参数等操作，那么在播放两个关键帧之间的轨道时，就会出现第一个关键帧所在位置的效果逐渐转变为第二个关键帧所在位置的效果。

扫一扫　看视频

下面制作一个让贴纸移动起来的关键帧动画。

01 在剪映中导入一个视频素材，点击【贴纸】按钮，如图 2-21 所示。

02 进入贴纸选择界面，选中一个太阳贴纸，然后点击☑按钮确认，如图 2-22 所示。

图 2-21

图 2-22

03 调整贴纸轨道和视频轨道长度一致，如图 2-23 所示。

04 将太阳贴纸图案缩小并移到画面的左上角，再将时间轴移动至该贴纸轨道最左端，点击界面中的⊙按钮，添加一个关键帧（此时⊙按钮变为◇按钮），如图 2-24 所示。

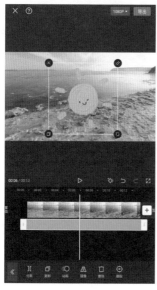

图 2-23

图 2-24

05 将时间轴移到贴纸轨道的最右端，然后移动贴纸位置至视频右侧，此时剪映会自动在时间轴所在位置添加一个关键帧，如图 2-25 所示。

06 点击播放按钮▷，可查看太阳图案逐渐从左侧移到右侧，如图 2-26 所示。

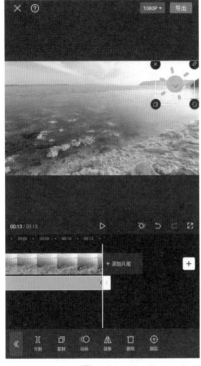

图 2-25

图 2-26

2.1.5 【防抖】和【降噪】功能

在使用手机录制视频时，很容易在运镜过程中出现画面晃动的问题。使用剪映中的【防抖】功能，可以明显减弱晃动幅度，让画面看起来更加平稳。

使用剪映中的【降噪】功能，可以降低户外拍摄视频时产生的噪声。如果在安静的室内拍摄视频，其本身就几乎没有噪声的情况下，【降噪】功能还可以明显提高人声的音量。

1. 防抖

要使用【防抖】功能，首先选中一段视频素材，点击界面下方的【防抖】按钮，进入防抖界面，如图 2-27 所示。选择防抖的程度，一般设置为【推荐】即可，然后点击✓按钮确认，如图 2-28 所示。

图 2-27 图 2-28

2. 降噪

要使用【降噪】功能,首先选中一段视频素材,点击界面下方的【降噪】按钮,如图 2-29 所示。将界面右下角的【降噪开关】打开,然后点击 √ 按钮确认,如图 2-30 所示。

图 2-29 图 2-30

2.2 变幻时光：变速、定格、倒放视频

控制时间线能够对视频产生时间变慢或变快、定格时间或时间倒流等效果，这需要运用剪映中三个控制时速的工具：变换、定格、倒放。

2.2.1 常规变速和曲线变速

在制作短视频时，经常需要对素材片段进行变速处理，例如，当录制一些运动中的景物时，如果运动速度过快，那么通过肉眼无法清楚观察到每一个细节，此时可以使用【变速】功能，降低画面中景物的运动速度，形成慢动作效果。而对于一些变化太过缓慢，或者比较单调、乏味的画面，则可以通过【变速】功能适当提高速度，形成快动作效果。

扫一扫　看视频

剪映中提供了常规变速和曲线变速两种变速功能，使用户能够自由控制视频中的时间速度变化。

01 在剪映中导入一个视频素材，选中素材后点击【变速】按钮，如图 2-31 所示。

02 在调速界面点击【常规变速】按钮，如图 2-32 所示。

图 2-31

图 2-32

03 【常规变速】是对所选的视频进行统一调速，进入调速界面，拖动滑块至【2x】，表示 2 倍快动作，点击✓按钮确认，如图 2-33 所示。

04 如果选择【曲线变速】，则可以直接使用预设好的速度，为视频中的不同部分添加慢动作或者快动作效果。但大多数情况下，都需要使用【自定】选项，根据视频进行手动设置。读者可点击【曲线变速】按钮，进入调速界面，点击【自定】按钮，【自定】按钮区域变为红色后，再次点击浮现的【点击编辑】文字，即可进入编辑界面，如图 2-34 所示。

图 2-33　　　　　　　　　　　　　　　图 2-34

05 曲线上的锚点可以上下左右拉动，在空白曲线上可以点击【添加点】按钮添加锚点，如图 2-35 所示。向下拖动锚点，可形成慢动作效果；适当向上移动锚点，可形成快动作效果。选中并点击【删除点】按钮可以删除锚点，如图 2-36 所示。最后点击✔按钮确认并导出变速后的视频。

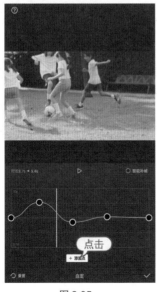

图 2-35　　　　　　　　　　　　　　　图 2-36

2.2.2 制作定格效果

【定格】功能可以将一段动态视频中的某个画面凝固下来，从而起到突出某个瞬间的效果。此外，如果定格的时间点和音乐节拍相匹配，也能使视频具有节奏感。

01 在剪映中导入一个视频素材，调整时间轴至 5 秒后 10f 处，选中素材后点击【定格】按钮，如图 2-37 所示。

02 此时即可自动分割出所选的定格画面，该视频片段保持 3 秒，如图 2-38 所示。

扫一扫　看视频

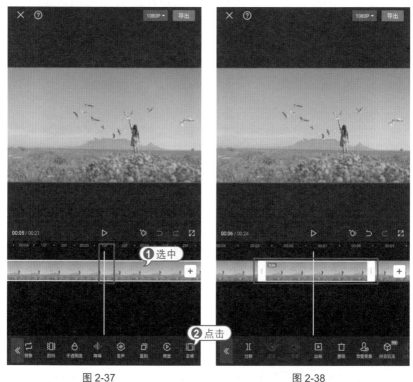

图 2-37　　　　　　　　　　图 2-38

03 点击《按钮返回编辑界面，然后点击【音效】按钮，如图 2-39 所示。

04 在音效界面中选择【机械】音效选项卡，然后点击【拍照声 1】选项右侧的【使用】按钮，如图 2-40 所示。

05 将拍照音轨调整到合适位置，如图 2-41 所示。

06 返回编辑界面，然后点击【特效】按钮，如图 2-42 所示。

图 2-39

图 2-40

图 2-41

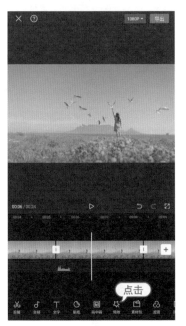

图 2-42

07 点击【画面特效】按钮，如图 2-43 所示。

08 选择【基础】|【变清晰】特效，点击并调整参数，如图 2-44 所示。

图 2-43　　　　　　　　　　　　　　　　图 2-44

09 返回编辑界面，调整特效的持续时间，将其缩短到与音效的时长基本一致，如图 2-45 所示。

10 点击【导出】按钮导出视频，并在手机相册中查看视频，如图 2-46 所示。

图 2-45　　　　　　　　　　　　　　　　图 2-46

2.2.3　倒放视频

【倒放】功能可以让视频从后往前播放。当视频记录随时间发生变化的画面时，如花开花落、覆水难收等场景等，应用此功能可以营造出一种时光倒流的视觉效果。

例如，首先在剪映中选中一个倒牛奶的视频，点击【倒放】按钮，如图 2-47 所示。等待倒放处理完毕后，点击【播放】按钮，即可播放牛奶从杯子里倒流入瓶子里的倒流效果，如图 2-48 所示。

图 2-47

图 2-48

2.3　使用画中画和蒙版：营造特殊区域效果

【画中画】功能可以让一个视频画面中出现多个不同的画面，更重要的是该功能可以形成多条视频轨道，再结合【蒙版】功能，便能控制视频局部画面的显示效果。

2.3.1　使用【画中画】功能

【画中画】从字面上的意思就是使画面中再次出现一个画面，通过【画中画】功能不仅能使两个画面同步播放，还能实现简单的画面合成操作。

扫一扫　看视频

01 在剪映中导入一个图片素材，如图 2-49 所示。

02 导入图片后，不选中轨道，然后点击【画中画】按钮，如图 2-50 所示。

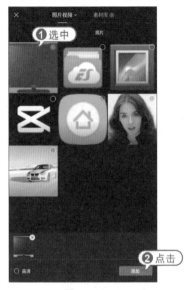

图 2-49　　　　　　　　　　　图 2-50

03 点击【新增画中画】按钮，如图 2-51 所示。

04 选中一个视频素材，然后点击【添加】按钮，如图 2-52 所示。

图 2-51　　　　　　　　　　　图 2-52

05 将图片和视频轨道调整一致，如图 2-53 所示。

06 点击【导出】按钮导出视频，可以在手机相册中查看视频，如图 2-54 所示。

图 2-53

图 2-54

2.3.2 添加蒙版

蒙版可以轻松地遮挡或显示部分画面，剪映提供了多种形状的蒙版，如镜面、圆形、星形等。

如果使用【画中画】创建多个视频轨道，再结合【蒙版】功能可以控制画面局部的显示效果。

01 在剪映中导入一个视频素材，点击【画中画】按钮，如图 2-55 所示。

02 点击【新增画中画】按钮，如图 2-56 所示。

扫一扫　看视频

03 添加一个视频素材，此时有 2 个轨道视频，调整轨道时间长度一致，如图 2-57 所示。

04 选中下方轨道，点击【蒙版】按钮，如图 2-58 所示。

图 2-55

图 2-56

图 2-57

图 2-58

05 选中【圆形】蒙版，然后在视频上拖动⬍和↔控件来控制圆的位置和大小，拖动⌄控件来控制圆的羽化效果，点击✓按钮确认，如图 2-59 所示。

06 点击【导出】按钮导出视频，可以在手机相册中查看视频，如图 2-60 所示。

图 2-59

图 2-60

> **提示：**
>
> 　　在剪映中有"层级"的概念，其中主视频轨道为 0 级，每多一条画中画轨道就会多一个层级。它们之间的覆盖关系是：层级数值大的轨道覆盖层级数值小的轨道，也就是"1 级"覆盖"0 级"，"2 级"覆盖"1 级"，以此类推。选中一条画中画视频轨道，点击界面下方的【层级】选项，即可设置该轨道的层级。剪映默认处于下方的视频轨道会覆盖处于上方的视频轨道。由于画中画轨道可以设置层级，因此改变层级即可决定显示哪条轨道上的画面。

2.3.3 实现一键抠图

　　在剪映中，使用【智能抠像】功能可以快速将人物从画面中抠取出来，从而进行替换人物背景等操作。使用【色度抠图】功能可以将【绿幕】或者【蓝幕】下的景物快速抠取出来，以方便进行视频图像的合成。

1. 使用【智能抠像】快速抠出人物

　　【智能抠像】功能的使用方法非常简单，只需选中画面中有人物的视频即可抠出人物，去除背景。

扫一扫　看视频

01 在【素材库】中选中视频，然后点击【添加】按钮，如图 2-61 所示。

02 点击【画中画】按钮，如图 2-62 所示。

图 2-61   图 2-62

03 点击【新增画中画】按钮，如图 2-63 所示。

04 选中【照片视频】列表中的一段跳舞视频并单击【添加】按钮，如图 2-64 所示。

图 2-63   图 2-64

05 选中导入的跳舞视频轨道后，点击【智能抠像】按钮，如图 2-65 所示。

06 等待片刻后抠像完毕，调整两条轨道的长度一致，然后导出视频，如图 2-66 所示。

图 2-65

图 2-66

2. 使用【色度抠图】快速抠出绿幕中的素材

使用【色度抠图】功能只需选择需要抠出的颜色，再对颜色的强度和阴影进行调节，即可抠出不需要的颜色。

比如要抠出绿幕背景下的飞机，可以先导入一段天空素材，点击【画中画】|【新增画中画】按钮，如图 2-67 所示。在【素材库】中选择一个飞机绿幕素材并导入，如图 2-68 所示。

图 2-67

图 2-68

选中飞机绿幕素材视频轨道后，点击【色度抠图】按钮，如图 2-69 所示。

预览区域会出现一个取色器，拖曳取色器至需要抠除颜色（绿色）的位置，如图 2-70 所示。

图 2-69   图 2-70

调整【强度】和【阴影】均为 100，如图 2-71 所示，确认后即可消除绿幕背景。

图 2-71

2.4 背景画布：让画面不再单调

在进行视频编辑工作时，若素材画面没有铺满屏幕，则会对视频观感造成影响。在剪映中可以通过【背景】功能来实现添加彩色、自定义、模糊画布等操作，以丰富视频画面效果。

扫一扫　看视频

2.4.1 添加纯色画布

要想在不丢失画面内容的情况下使画布被铺满，可以使用工具栏中的【背景】功能添加纯色画布。

01 导入一段横画幅视频，不选中轨道，点击【比例】按钮，如图 2-72 所示。

02 选中【9:16】比例选项，此时出现上下黑边，如图 2-73 所示。

图 2-72

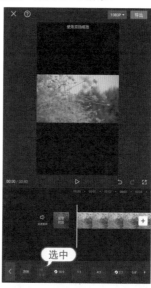
图 2-73

03 不选中轨道，点击【背景】按钮，如图 2-74 所示。

04 点击【画布颜色】按钮，如图 2-75 所示。

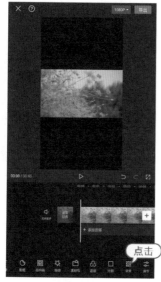
图 2-74

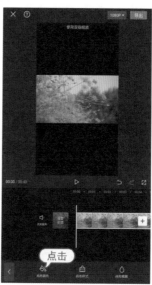
图 2-75

05 在【画布颜色】选项栏中点击一种颜色，然后点击✓按钮确认，即可铺满纯色画布，如图2-76所示。

06 点击✐按钮，出现吸取器后，吸取任意颜色作为画布颜色，如图2-77所示。

图 2-76

图 2-77

07 点击█按钮，打开调色板，点击选取一种颜色，点击✓按钮确认，如图2-78所示。

08 此时可以查看背景画布颜色，点击✓按钮确认即可，如图2-79所示。

图 2-78

图 2-79

2.4.2　选择画布样式

在剪映中，读者除了可以为素材设置纯色画布，还可以应用画布样式营造个性化视频效果。

01 在【背景】界面中点击【画布样式】按钮，如图 2-80 所示。

02 在【画布样式】选项中点击一种样式，然后点击✓按钮确认，如图 2-81 所示。

图 2-80

图 2-81

03 点击🖼️按钮，打开照片视频列表，点击选择所需图片，如图 2-82 所示。

04 此时以图片为背景作为画布，如图 2-83 所示。

图 2-82

图 2-83

> **提示：**
>
> 如果要取消画布应用效果，在【画布样式】选项栏中点击○按钮即可。

2.4.3 设置画布模糊

读者还可以设置【画布模糊】达到增强和丰富画面动感的效果。首先返回【背景】界面，点击【画布模糊】按钮，如图 2-84 所示，然后点击选择不同程度的模糊画布效果，如图 2-85 所示。

图 2-84

图 2-85

第 3 章

调色技巧——用色随心所欲

　　如今人们的眼光越来越高，拍摄的短视频如果色彩单调，则可能无人观看和点赞。使用剪映编辑短视频时，使用各种调色工具创造出想要的色彩效果，才能让短视频更加出彩。

3.1 调色工具：基本调节色彩操作

调色是视频编辑时不可或缺的一项调整操作，画面颜色在一定程度上能决定作品的好坏。利用剪映中的【调节】功能中的各种工具，用户可以自定义各种色彩参数，也可以添加滤镜以快速应用多种色彩。

3.1.1 使用【调节】功能手动调色

【调节】功能的主要作用是调整画面的亮度和色彩，调节画面亮度时，不仅可以调节画面明暗度，还可以单独对画面中的亮部和暗部进行调整，使视频的影调更加细腻且有质感。【调节】功能主要包含【亮度】【对比度】【饱和度】【色温】等选项，下面进行具体介绍。

扫一扫 看视频

🌙 亮度：用于调整画面的明亮程度。数值越大，画面越明亮。

🌙 对比度：用于调整画面黑与白的比值。数值越大，从黑到白的渐变层次就越多，色彩表现也越丰富。

🌙 饱和度：用于调整画面色彩的鲜艳程度。数值越大，画面色彩越鲜艳。

🌙 锐化：用来调整画面的锐化程度。数值越大，画面细节越丰富。

🌙 高光 / 阴影：用来改善画面中的高光或阴影部分。

🌙 色温：用来调整画面中色彩的冷暖倾向。数值越大，画面越偏向暖色；数值越小，画面越偏向冷色。

🌙 色调：用来调整画面中颜色的倾向。

🌙 褪色：用来调整画面中颜色的附着程度。

01 在剪映中导入并选中一个视频素材，点击【调节】按钮，如图 3-1 所示。

02 打开调节选项栏，点击【亮度】按钮，调整下方滑块数值为 15，如图 3-2 所示。

图 3-1　　　　　　　　　图 3-2

03 点击【对比度】按钮，调整下方滑块数值为 5，如图 3-3 所示。
04 点击【饱和度】按钮，调整下方滑块数值为 15，如图 3-4 所示。

图 3-3   图 3-4

05 点击【锐化】按钮，调整下方滑块数值为 50，如图 3-5 所示。
06 点击【高光】按钮，调整下方滑块数值为 -20，如图 3-6 所示。

图 3-5   图 3-6

07 点击【阴影】按钮，调整下方滑块数值为 -15，如图 3-7 所示。

08 点击【色温】按钮，调整下方滑块数值为 -30，如图 3-8 所示。

图 3-7

图 3-8

09 点击【色调】按钮，调整下方滑块数值为 -20，设置完毕后点击√按钮确认，如图 3-9 所示。

10 点击视频轨道下的【添加音频】文字，再点击【音乐】按钮，如图 3-10 所示。

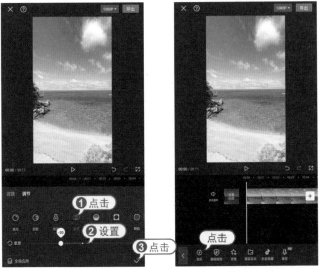

图 3-9   图 3-10

11 选择音乐库中的一首短曲后，点击【使用】按钮，如图 3-11 所示。

12 添加音轨后，调整音频轨道和视频轨道长度一致，如图3-12所示，然后导出视频。

图 3-11　　　　　　　　　　　　　　　　　　图 3-12

3.1.2　使用【滤镜】功能一键调色

与【调节】功能需要仔细调节多个参数才能获得预期效果不同，利用【滤镜】功能可一键调出唯美的色调。

首先选中一个视频片段，点击【滤镜】按钮，如图 3-13 所示。用户可以从多个分类下选择喜欢的滤镜效果，例如选中【夜景】|【红绿】滤镜选项，然后调节下面的滑块来调整滤镜的强度，最后点击 ✓ 按钮确认，如图 3-14 所示。

> **提示：**
>
> 选中一个视频片段，再点击【滤镜】按钮为其添加第一个滤镜时，该效果会自动应用到整个所选片段，并且不会出现滤镜轨道。

图 3-13   图 3-14

　　如果在没有选中任何视频片段的情况下，点击【滤镜】按钮并添加滤镜，如图 3-15所示。此时则会出现滤镜轨道，需要控制滤镜轨道的长度和位置来确定施加滤镜效果的区域，如图 3-16 所示，第二个轨道即为【樱粉】滤镜效果的轨道。

图 3-15   图 3-16

3.2 人像调色：美白靓丽的诀窍

对人像照片或视频进行调色，可以使画面中人的肤色美白靓丽，清新通透。此外利用【美颜】等功能可以一键美白人像，使新手达到秒变"美颜大师"的水准。

3.2.1 调出美白肤色

当拍摄的人像视频画面比较暗淡，可以在剪映中调出清透美白的肤色，让人像视频更加清新靓丽。

01 在剪映中导入一个视频素材，不选中轨道，点击【滤镜】按钮，如图 3-17 所示。

02 在滤镜界面中选中【人像】|【净透】选项，并调整下面滑块数值至 90，点击☑按钮确认，如图 3-18 所示。

扫一扫 看视频

图 3-17   图 3-18

03 点击《按钮返回上一级菜单，如图 3-19 所示。

04 点击【新增调节】按钮，如图 3-20 所示。

图 3-19　　　　　　　　　　　图 3-20

05 点击【亮度】按钮，调整下方滑块数值为 10，如图 3-21 所示。

06 点击【对比度】按钮，调整下方滑块数值为 10，如图 3-22 所示。

图 3-21　　　　　　　　　　　图 3-22

07 点击【饱和度】按钮，调整下方滑块数值为 5，如图 3-23 所示。

08 点击【光感】按钮，调整下方滑块数值为 8，如图 3-24 所示。

图 3-23　　　　　　　　　　　　图 3-24

09 点击【高光】按钮，调整下方滑块数值为 15，如图 3-25 所示。

10 点击【色温】按钮，调整下方滑块数值为 -10，如图 3-26 所示。

图 3-25　　　　　　　　　　　　图 3-26

⓫ 点击【色调】按钮，调整下方滑块数值为 -20，点击✓按钮确认，如图 3-27 所示。

⓬ 此时界面中显示添加了【净透】和【调节 1】轨道，调整这两条轨道和视频轨道长度一致，如图 3-28 所示。

图 3-27　　　　　　　　　　　图 3-28

⓭ 点击视频轨道下的【添加音频】文字，再点击【音乐】按钮，如图 3-29 所示。

⓮ 在音乐库中点击【抖音】图标，如图 3-30 所示。

图 3-29　　　　　　　　　　　图 3-30

15 选择音乐库中的一首短曲后，点击【使用】按钮，如图 3-31 所示。

16 添加音轨后，调整音频轨道和视频轨道长度一致，如图 3-32 所示，然后导出视频。

图 3-31

图 3-32

3.2.2 人像磨皮瘦脸

　　读者可以使用剪映内置的【美颜美体】功能对面部进行磨皮及瘦脸处理，对人像的面部进行一些美化处理，可以使人像视频更显魅力。

　　选中素材轨道后，点击【美颜美体】按钮，如图 3-33 所示。美颜选项里提供了【智能美颜】【智能美体】【手动美体】三个选项按钮，如图 3-34 所示。点击不同按钮，可以进入对应的选项设置，点击其中的选项按钮，并调整相关参数即可快速完成磨皮、变白、瘦脸、瘦体等智能处理。

　　例如点击【智能美颜】按钮后，出现【磨皮】【瘦脸】【大眼】【瘦鼻】【美白】【白牙】五个按钮，点击其中的【瘦脸】按钮，然后调整下面的滑块至最右边（数值最大），可看到如图 3-35 所示的人脸变瘦成如图 3-36 所示的人脸。

图 3-33

图 3-34

图 3-35

图 3-36

3.3 景物调色：呈现时移景易的变化

使用剪映中的滤镜和调节功能，可让视频中的不同景色呈现与众不同的效果，包括橙蓝反差的夜景调色、古色古香的建筑调色、鲜艳欲滴的花卉调色、纯洁干净的海天调色等。

3.3.1 橙蓝夜景调色

由于灯光和昏暗夜色环境等因素，橙蓝反差的效果很适合夜景调色，这种调色能大大提升视频的质感和色彩表现力。

01 在剪映中导入一个视频素材后，点击【滤镜】按钮，如图 3-37 所示。

02 选择【精选】|【橙蓝】滤镜，调整下方滑块数值为 90，点击 ✓按钮确认，如图 3-38 所示。

扫一扫　看视频

图 3-37

图 3-38

03 点击 按钮返回上一级菜单，然后点击【新增调节】按钮，如图 3-39 所示。

04 点击【对比度】按钮，调整下方滑块数值为 20，如图 3-40 所示。

05 点击【色温】按钮，调整下方滑块数值为 -15，如图 3-41 所示。

06 点击【色调】按钮，调整下方滑块数值为 50，深化蓝色效果，如图 3-42 所示。

图 3-39

图 3-40

图 3-41

图 3-42

07 点击【饱和度】按钮，调整下方滑块数值为 20，点击☑️按钮确认，如图 3-43 所示。

08 调整三条轨道时长一致，然后点击《按钮返回编辑界面，导出视频，如图 3-44 所示。

图 3-43

图 3-44

09 将原视频和导出视频打开，比较前后效果，如图 3-45(原视频)和图 3-46(导出视频)所示。

图 3-45

图 3-46

3.3.2　古风建筑调色

　　一般中国古建筑适合古色古香的古风色调，能让暗淡的建筑变得明亮。

01 在剪映中导入一个视频素材，点击【滤镜】按钮，如图 3-47 所示。

02 选择【风景】|【橘光】滤镜，调整下方滑块数值为 60，点击 ✓ 按钮确认，如图 3-48 所示。

扫一扫　看视频

图 3-47

图 3-48

03 点击《按钮返回上一级菜单，如图 3-49 所示。

04 点击【新增调节】按钮，如图 3-50 所示。

图 3-49

图 3-50

05 点击【亮度】按钮，调整下方滑块数值为 15，如图 3-51 所示。

06 点击【对比度】按钮，调整下方滑块数值为 15，如图 3-52 所示。

图 3-51

图 3-52

07 点击【饱和度】按钮，调整下方滑块数值为 10，如图 3-53 所示。

08 点击【光感】按钮，调整下方滑块数值为 10，如图 3-54 所示。

图 3-53

图 3-54

09 点击【锐化】按钮，调整下方滑块数值为 30，如图 3-55 所示。

10 点击【色温】按钮，调整下方滑块数值为 -15，如图 3-56 所示。

图 3-55　　　　　　　　　　　　　　图 3-56

11 点击【色调】按钮，调整下方滑块数值为 10，点击 ✓ 按钮确认，如图 3-57 所示。

12 此时界面中显示添加了【橘光】和【调节 1】轨道，调整这两条轨道和视频轨道长度一致，并导出视频，如图 3-58 所示。

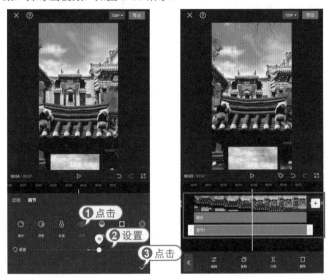

图 3-57　　　　　　　　　　　　　　图 3-58

13 将原视频和导出视频打开，比较前后效果，如图 3-59(原视频) 和图 3-60(导出视频) 所示。

图 3-59　　　　　　　　　　图 3-60

3.3.3　明艳花卉调色

对于鲜花的调色，主要是为了让原本色彩偏素淡的花朵变得娇艳欲滴，调色后的画面色调偏暖色调，且更加清晰透亮。

01 在剪映中导入一个视频素材，点击【滤镜】按钮，如图3-61 所示。

02 选择【风景】|【晚樱】滤镜，调整下方滑块数值为 80，点击 ✓ 按钮确认，如图 3-62 所示。

扫一扫　看视频

图 3-61　　　　　　　　　　图 3-62

03 点击《按钮返回上一级菜单，如图 3-63 所示。

04 点击【新增调节】按钮，如图 3-64 所示。

图 3-63　　　　　　　　　　　　　　图 3-64

05 点击【亮度】按钮，调整下方滑块数值为 5，如图 3-65 所示。

06 点击【对比度】按钮，调整下方滑块数值为 10，如图 3-66 所示。

图 3-65　　　　　　　　　　　　　　图 3-66

07 点击【饱和度】按钮，调整下方滑块数值为 10，如图 3-67 所示。

08 点击【光感】按钮，调整下方滑块数值为 -10，如图 3-68 所示。

图 3-67　　　　　　　　　　　图 3-68

09 点击【锐化】按钮，调整下方滑块数值为 30，如图 3-69 所示。

10 点击【色温】按钮，调整下方滑块数值为 -10，如图 3-70 所示。

图 3-69　　　　　　　　　　　图 3-70

11 点击【色调】按钮，调整下方滑块数值为 15，点击✓按钮确认，如图 3-71 所示。

12 此时界面中显示添加了【晚樱】和【调节 1】轨道，调整这两条轨道和视频轨道长度一致，并导出视频，如图 3-72 所示。

图 3-71　　　　　　　　　　　　　　　　图 3-72

13 将原视频和导出视频打开，比较前后效果，如图 3-73(原视频) 和图 3-74(导出视频) 所示。

图 3-73　　　　　　　　　　　　　　　　图 3-74

3.3.4 纯净海天调色

蓝天白云和大海（水面）是常用的视频景色，读者可以将视频背景调色为纯洁干净的背景，让人看了心旷神怡，这是一种万能调色方案。

扫一扫 看视频

01 在剪映中导入一个视频素材，点击【滤镜】按钮，如图3-75所示。

02 选择【风景】|【晴空】滤镜，调整下方滑块数值为80，点击☑按钮确认，如图3-76所示。

图 3-75

图 3-76

03 点击◁按钮返回上一级菜单，如图 3-77 所示。

04 点击【新增调节】按钮，如图 3-78 所示。

图 3-77

图 3-78

05 点击【亮度】按钮，调整下方滑块数值为 15，如图 3-79 所示。
06 点击【对比度】按钮，调整下方滑块数值为 5，如图 3-80 所示。

图 3-79　　　　　　　　　　　图 3-80

07 点击【饱和度】按钮，调整下方滑块数值为 10，如图 3-81 所示。
08 点击【锐化】按钮，调整下方滑块数值为 40，如图 3-82 所示。

图 3-81　　　　　　　　　　　图 3-82

09 点击【色温】按钮，调整下方滑块数值为 -30，点击✓按钮确认，如图 3-83 所示。

10 此时界面中显示添加了【晴空】和【调节 1】轨道，调整这两条轨道和视频轨道长度一致，并导出视频，如图 3-84 所示。

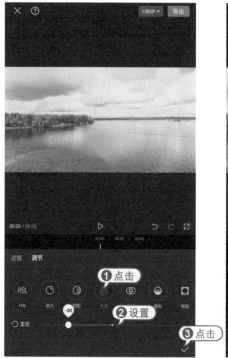

图 3-83

图 3-84

11 将原视频和导出视频打开，比较前后效果，如图 3-85(原视频) 和图 3-86(导出视频) 所示。

图 3-85

图 3-86

3.4 日、港、赛博系色调：充满浪漫的异色情调

　　日系色调偏青橙清新，港系色调偏复古怀旧，赛博系色调迷幻硬派，这些特殊色系都是广大文艺青年的最爱。

3.4.1 青橙透明的日系色调

　　青橙色调是日系色调中最常见的一种类型，很适合调节风光视频的色彩，看了让人心旷神怡。

01 在剪映中导入一个视频素材，点击【滤镜】按钮，如图3-87所示。

02 选择【风景】|【京都】滤镜，调整下方滑块数值为80，点击 ✔ 按钮确认，如图3-88所示。

扫一扫　看视频

图 3-87

图 3-88

03 点击《按钮返回上一级菜单，如图3-89所示。

04 点击【新增滤镜】按钮，如图3-90所示。

05 选择【风景】|【柠青】滤镜，调整下方滑块数值为80，点击 ✔ 按钮确认，如图3-91所示。

06 调整三条轨道长度一致，然后点击《按钮返回上一级菜单，如图3-92所示。

图 3-89

图 3-90

图 3-91

图 3-92

07 点击【新增调节】按钮,如图 3-93 所示。

08 点击【对比度】按钮,调整下方滑块数值为 10,如图 3-94 所示。

图 3-93

图 3-94

09 点击【饱和度】按钮,调整下方滑块数值为 10,如图 3-95 所示。

10 点击【色温】按钮,调整下方滑块数值为 -10,如图 3-96 所示。

图 3-95

图 3-96

11 点击【色调】按钮，调整下方滑块数值为 -50，点击 ✔ 按钮确认，如图 3-97 所示。
12 此时界面中显示添加了三条轨道，调整这三条轨道和视频轨道长度一致，并导出视频，如图 3-98 所示。

图 3-97

图 3-98

13 将原视频和导出视频打开，比较前后效果，如图 3-99(原视频) 和图 3-100(导出视频) 所示。

图 3-99

图 3-100

3.4.2 复古港风色调

要在街景视频中调出复古港风色调，可以使用剪映提供的【港风】滤镜，并在此基础上添加颗粒、褪色等，使其更具怀旧复古风。

01 在剪映中导入一个视频素材，点击【滤镜】按钮，如图 3-101 所示。

02 选择【复古胶片】|【港风】滤镜，调整下方滑块数值为 100，点击✔按钮确认，如图 3-102 所示。

扫一扫 看视频

图 3-101

图 3-102

03 点击《按钮返回上一级菜单，如图 3-103 所示。

04 点击【新增滤镜】按钮，如图 3-104 所示。

图 3-103

图 3-104

05 选择【影视级】|【月升之国】滤镜，调整下方滑块数值为 80，点击✓按钮确认，如图 3-105 所示。

06 调整三条轨道长度一致，然后点击《按钮返回上一级菜单，如图 3-106 所示。

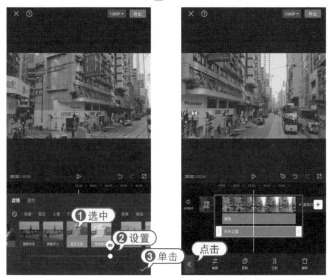

图 3-105　　　　　　　　　　　图 3-106

07 点击【新增调节】按钮，如图 3-107 所示。

08 点击【光感】按钮，调整下方滑块数值为 20，如图 3-108 所示。

图 3-107　　　　　　　　　　　图 3-108

09 点击【色温】按钮，调整下方滑块数值为 15，如图 3-109 所示。

10 点击【褪色】按钮，调整下方滑块数值为 30，如图 3-110 所示。

图 3-109   图 3-110

11 点击【色调】按钮，调整下方滑块数值为 60，点击✓按钮确认，如图 3-111 所示。

12 此时界面中显示添加了三条轨道，调整这三条轨道和视频轨道长度一致，并导出视频，如图 3-112 所示。

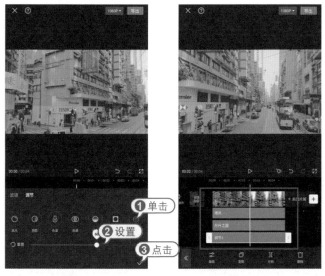

图 3-111   图 3-112

13 将原视频和导出视频打开，比较前后效果，如图 3-113(原视频) 和图 3-114(导出视频) 所示。

图 3-113

图 3-114

3.4.3 渐变赛博系色调

赛博朋克色调偏向于冷色调，主要由蓝色和洋红色构成。在剪映中利用【关键帧】功能，可以使视频呈现从普通色调渐变为赛博系色调的效果。

扫一扫　看视频

01 在剪映中导入一个视频素材，选中视频轨道，点击 ◇ 按钮添加关键帧，此时视频开头出现红色箭头关键帧符号，如图 3-115 所示。

02 拖曳时间轴至视频末尾处，点击 ◇ 按钮添加关键帧，然后点击【滤镜】按钮，如图 3-116 所示。

图 3-115

图 3-116

03 选择【风格化】|【赛博朋克】滤镜，调整下方滑块数值为 100，点击☑按钮确认，如图 3-117 所示。

04 点击【调节】按钮，如图 3-118 所示。

图 3-117   图 3-118

05 点击【饱和度】按钮，调整下方滑块数值为 -10，如图 3-119 所示。

06 点击【光感】按钮，调整下方滑块数值为 -7，如图 3-120 所示。

图 3-119   图 3-120

07 点击【色温】按钮，调整下方滑块数值为 -15，如图 3-121 所示。
08 点击【色调】按钮，调整下方滑块数值为 20，如图 3-122 所示。

图 3-121

图 3-122

09 点击【颗粒】按钮，调整下方滑块数值为 10，点击✓按钮确认，如图 3-123 所示。
10 拖曳时间轴至视频起始位置，点击【滤镜】按钮，如图 3-124 所示。

图 3-123

图 3-124

11 保持原有滤镜选项，调整下方滑块数值为0，点击✓按钮确认，如图3-125所示。

12 返回视频轨道界面，查看并导出视频，如图3-126所示。

图 3-125

图 3-126

13 将原视频和导出视频打开，比较前后效果，如图3-127(原视频)和图3-128(导出视频)所示。

图 3-127

图 3-128

第 4 章

特效盛宴——创意无限的乐趣

　　剪映拥有非常丰富的特效工具，使用恰当的特效可以突出画面的重点和视频节奏。结合特效工具，读者可以制作多个镜头之间的酷炫转场效果，让视频镜头之间的衔接更为流畅、自然。

4.1　热门特效：花样繁多应有尽有

剪映为广大短视频制作者提供了丰富酷炫的视频特效，能够帮助用户轻松实现马赛克、纹理、炫光、分屏、漫画等视觉效果。

4.1.1　认识特效界面

在剪映中添加视频特效的方法非常简单，在创建剪辑项目并添加视频素材后，将时间轴定位至需要出现特效的时间点，在未选中素材的状态下，点击底部工具栏中的【特效】按钮，如图4-1所示。此时出现两个选项按钮，分别是【画面特效】和【人物特效】按钮，这里点击【画面特效】按钮进入特效选项栏，如图4-2所示。

图 4-1

图 4-2

在特效选项栏中，通过滑动操作可以预览特效类别，默认情况下视频素材不具备特效效果，读者在特效选项栏中点击任意一种效果，可将其应用至视频素材，如图4-3所示。继续点击已选中特效按钮上面浮现的【设置参数】文字，即可打开各特效的参数界面，调整滑块数值设置参数，如图4-4所示。

若不再需要特效效果，点击█按钮即可取消特效的应用。

图 4-3　　　　　　　　　　　　　图 4-4

4.1.2　制作梦幻风景

　　如果想让自己拍摄的风景类视频更加与众不同，用户可以在画面中添加一些粒子或光效效果，营造画面的梦幻感。

01 在剪映中导入一个视频素材，不选中轨道，点击【特效】按钮，如图 4-5 所示。

02 点击【画面特效】按钮，如图 4-6 所示。

扫一扫　看视频

图 4-5　　　　　　　　　　　　　图 4-6

03 点击【氛围】|【星河】按钮，并点击【调整参数】文字，如图 4-7 所示。

04 设置【星河】特效的参数，设置完毕后点击✓按钮确认，如图 4-8 所示。

图 4-7

图 4-8

05 将【星河】特效轨道拉长至与视频轨道长度一致，如图 4-9 所示。

06 返回至第一级界面，点击【音频】按钮，如图 4-10 所示。

图 4-9

图 4-10

07 点击【音效】按钮，如图 4-11 所示。

08 选择【魔法】|【仙尘】音效，点击【使用】按钮，如图 4-12 所示。

图 4-11

图 4-12

09 返回第一级界面，点击【导出】按钮导出视频，如图 4-13 所示。

10 在手机相册中打开视频进行查看，如图 4-14 所示。

图 4-13

图 4-14

4.1.3 变身漫画人物

剪映可以为图片素材添加漫画效果。图片导入剪映中，会自动形成 3 秒静止的视频格式，利用漫画等特效可以让静止的画面动起来，使现实人物一瞬间变身为漫画中人。

01 在剪映中导入一幅图片素材，选中轨道后，点击【复制】按钮，如图 4-15 所示。

02 此时自动粘贴一个 3 秒的视频，点击【音频】按钮，如图 4-16 所示。

图 4-15　　　　　　　　　　　图 4-16

03 点击【音效】按钮，如图 4-17 所示。

04 选择【转场】|【嗖】音效，点击【使用】按钮，如图 4-18 所示。

图 4-17　　　　　　　　　　　图 4-18

05 将音效轨道放置在第 2 段视频开始处，如图 4-19 所示。

06 选中第 2 段视频轨道，点击【抖音玩法】按钮，如图 4-20 所示。

图 4-19	图 4-20

07 点击【港漫】效果，画面中人物变为漫画人物，点击☑按钮确认，如图 4-21 所示。

08 选中第 1 段视频轨道，点击【动画】按钮，如图 4-22 所示。

图 4-21	图 4-22

09 点击【出场动画】按钮，如图 4-23 所示。

10 选中【旋转】效果，调整下方滑块数值为 1 秒，点击✓按钮确认，如图 4-24 所示。

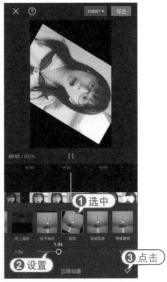

图 4-23　　　　　　　　　　　图 4-24

11 返回至第一级界面，点击【特效】按钮，如图 4-25 所示。

12 点击【画面特效】按钮，如图 4-26 所示。

图 4-25　　　　　　　　　　　图 4-26

13 选择【Bling】|【圣诞星光】特效，点击【调整参数】文字，调整下方滑块数值，点击☑️按钮确认，如图 4-27 所示。

14 返回界面后，保持特效轨道时长和第 2 段视频轨道一致，点击【导出】按钮导出视频，如图 4-28 所示。

图 4-27

图 4-28

15 打开视频显示漫画变身效果，如图 4-29 和图 4-30 所示。

图 4-29

图 4-30

4.1.4 叠加多重特效

一段视频不止可以添加一重特效，剪映还提供多重特效轨道，可叠加在视频轨道上。不过读者需要选择恰当、合适的特效叠加，否则可能产生 1+1 小于 2 的效果。

扫一扫 看视频

01 在剪映中导入一个视频素材，点击【特效】按钮，如图4-31所示。

02 点击【画面特效】按钮，如图4-32所示。

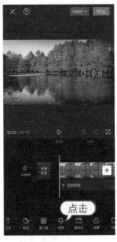

图 4-31   图 4-32

03 选择【基础】|【变彩色】特效，点击【调整参数】文字，调整下方滑块数值，点击✓按钮确认，如图4-33所示。

04 返回至上一级界面，再次点击【画面特效】按钮，如图4-34所示。

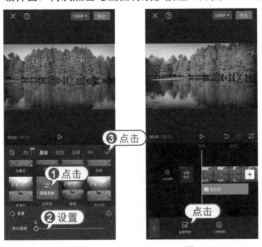

图 4-33   图 4-34

05 选择【氛围】|【水墨墨染】特效，点击【调整参数】文字，调整下方滑块数值，点击✓按钮确认，如图4-35所示。

06 此时显示两个特效叠加到视频轨道上，如图4-36所示。

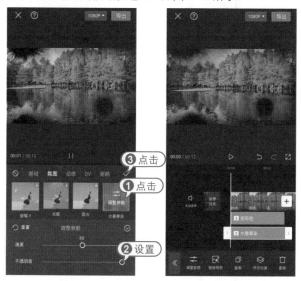

图4-35　　　　　　　　图4-36

07 依次点击《按钮和《按钮返回初始界面，点击【画中画】按钮，如图4-37所示。

08 点击【新增画中画】按钮，如图4-38所示。

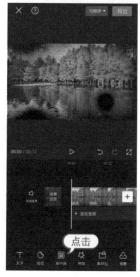 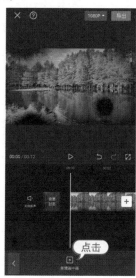

图4-37　　　　　　　　图4-38

09 选择一个视频并导入，选中该视频轨道后，点击【编辑】按钮，如图 4-39 所示。

10 点击【裁剪】按钮，如图 4-40 所示。

| 图 4-39 | 图 4-40 |

11 调整裁剪框大小，点击✓按钮确认，如图 4-41 所示。

12 裁剪后的视频如图 4-42 所示。

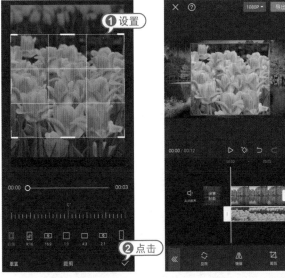

| 图 4-41 | 图 4-42 |

13 点击多次返回按钮返回初始界面，点击【特效】按钮，如图 4-43 所示。

14 点击【画面特效】按钮，如图 4-44 所示。

图 4-43

图 4-44

15 选择【氛围】|【雪花细闪】特效，点击【调整参数】文字，调整下方滑块数值，点击✓按钮确认，如图 4-45 所示。

16 添加第 3 个特效，默认选中特效后，点击【作用对象】按钮，如图 4-46 所示。

图 4-45

图 4-46

17 选中【画中画】选项，点击☑按钮确认，如图 4-47 所示。

18 此时第 3 个特效只应用在画中画的视频上，导出视频，如图 4-48 所示。

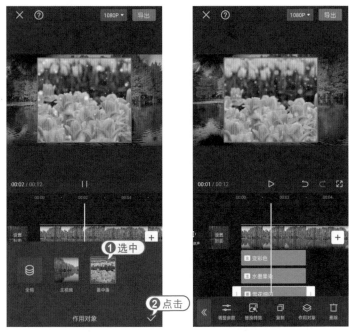

图 4-47　　　　　　　　　　　　　图 4-48

19 打开视频显示多重特效的效果，如图 4-49 所示。

图 4-49

4.2 动画贴纸：妙趣横生的点缀

动画贴纸功能是如今许多短视频编辑类软件中的必备功能，在视频上添加静态或动态的贴纸，不仅可以起到较好的遮挡作用（类似于马赛克），还能让视频画面看上去更加酷炫。

4.2.1 添加普通贴纸

在剪映的剪辑项目中添加视频或图像素材后，在未选中素材的状态下，点击底部工具栏中的【贴纸】按钮，如图 4-50 所示。在打开的贴纸选项栏中可以看到几十种不同类型的动画贴纸，选中后点击☑按钮即可应用在素材上，如图 4-51所示。

图 4-50

图 4-51

普通贴纸在这里特指贴纸选项栏中没有动态效果的贴纸素材，比如【Emoji】类别下的表情符号贴纸，如图 4-52 所示，贴纸效果如图 4-53 所示。

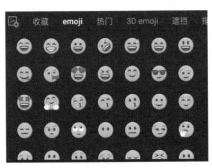

图 4-52

图 4-53

虽然贴纸本身不会产生动态效果，但读者可以自行为贴纸素材设置动画。设置贴纸动画的方法很简单，在轨道区域中选中贴纸素材，然后点击底下的【动画】按钮，如图 4-54 所示。在打开的贴纸动画选项栏中可以为贴纸设置【入场动画】【出画】和【循环动画】，并可以对动画效果的播放时长进行调整，如图 4-55 所示。

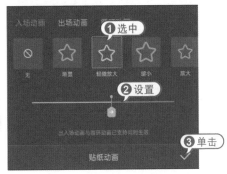

图 4-54

图 4-55

4.2.2　添加自定义贴纸

　　剪映还支持用户在剪辑项目中添加自定义贴纸，进一步满足用户的创作需求。添加自定义贴纸的方法很简单，在贴纸选项栏中，点击最左侧的 🖼️ 按钮，如图 4-56 所示，即可打开素材添加界面（手机相册中的照片或视频），选取贴纸元素添加至剪辑项目中，如图 4-57 所示。导入后可以设置贴纸，步骤和设置普通贴纸一致。

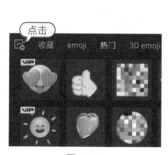

图 4-56

图 4-57

4.2.3　添加特效贴纸

　　特效贴纸在这里特指贴纸选项栏中自带动态效果的贴纸素材，如炸开粒子素材、情绪动画素材等，如图 4-58 和图 4-59 所示。相对于普通贴纸来说，特效贴纸由于自带动画效果，因此具备更高的趣味性和动态感，对于丰富视频画面来说是不错的选择。

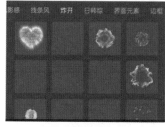

图 4-58

图 4-59

4.2.4 添加边框贴纸

边框贴纸，顾名思义就是在画面上添加一个边框效果。在剪映的贴纸选项栏中，选择【边框】选项卡，即可在贴纸列表中看到不同类型的边框贴纸素材，如图 4-60 所示，选中一个即可插入画面中，如图 4-61 所示。

图 4-60　　　　　　　　　　图 4-61

下面介绍使用各类贴纸的一个实例，帮助大家掌握使用贴纸的操作方法。

01 在剪映中导入一个图像素材，不选中素材，点击【贴纸】按钮，如图 4-62 所示。

02 选中【脸部装饰】列表下的一个静态羞红贴纸后，贴纸显示在视频中，如图 4-63 所示。

图 4-62　　　　　　　　　　图 4-63

03 拖曳贴纸右下角的▣按钮，调整贴纸的大小和旋转角度，并放置在脸上，如图 4-64 所示。

04 点击贴纸右上角的✐按钮，进入设置贴纸动画界面，选中【入场动画】|【渐显】效果，设置滑块数值，然后点击✔按钮确认，如图 4-65 所示。

图 4-64

图 4-65

05 返回上一级界面，不选中素材，点击【添加贴纸】按钮，如图 4-66 所示。

06 选中【爱心】列表下的一个动态爱心贴纸，如图 4-67 所示。

图 4-66

图 4-67

07 拖曳贴纸右下角的▣按钮，调整贴纸的大小和旋转角度，放置至合适位置，然后点击✔按钮确认，如图 4-68 所示。

08 返回上一级界面，不选中素材，点击【添加贴纸】按钮，如图 4-69 所示。

图 4-68 　　　　　　　　　　　　图 4-69

09 选中【边框】列表下的一个边框贴纸，设置贴纸的合适大小和位置，然后点击✔按钮确认，如图 4-70 所示。

10 返回至初始界面，点击【特效】按钮，如图 4-71 所示。

图 4-70 　　　　　　　　　　　　图 4-71

11 点击【画面特效】按钮，如图 4-72 所示。

12 选择【综艺】|【手电筒】特效，点击【调整参数】文字，调整下方滑块数值，点击✓按钮确认，如图 4-73 所示。

图 4-72

图 4-73

13 添加特效后，点击【导出】按钮导出视频，如图 4-74 所示。

14 在手机相册中播放导出的视频，如图 4-75 所示。

图 4-74

图 4-75

4.3 转场效果：流畅无缝地转换场景

　　视频转场也称视频过渡或视频切换，使用转场效果可以使一个场景平缓且自然地转换到下一个场景，同时可以极大地增加影片的艺术感染力。使用合适的转场可以改变视角，推进故事的进行，避免两个镜头之间产生突兀的跳动。在剪映中转场主要分为基础、运镜、幻灯片、遮罩等不同类型。

4.3.1 基础转场

　　在轨道区域中添加多个素材之后，通过点击素材中间的┃按钮，可以打开转场选项栏，如图 4-76 所示。在转场选项栏中，提供了【基础转场】【特效转场】【幻灯片】等不同类型的转场效果，如图 4-77 所示。

图 4-76　　　　　　　　　　　图 4-77

　　【基础转场】中包含叠化、闪黑、闪白、色彩溶解、滑动和擦除等转场效果，这一类转场效果主要是通过平缓的叠化、推移运动来实现两个画面的切换。图 4-78和图 4-79 所示为【基础转场】类别中【横向拉幕】效果的展示（添加转场后┃按钮会变为┣┫按钮）。

图 4-78   图 4-79

4.3.2 特效转场

【特效转场】中包含故障、放射、马赛克、动漫火焰、炫光等转场效果，这一类转场效果主要是通过火焰、光斑、射线等炫酷的视觉特效来实现两个画面的切换。图 4-80 和图 4-81 所示为【特效转场】类别中【色差故障】效果的展示。

图 4-80   图 4-81

4.3.3 幻灯片

【幻灯片】类别中包含翻页、立方体、倒影、百叶窗、风车等效果，这一类转场效果主要是通过一些简单的画面运动和图形变化来实现两个画面的切换。图 4-82 和图 4-83 所示为【幻灯片】类别中【立方体】效果的展示。

图 4-82   图 4-83

4.3.4 遮罩转场

【遮罩转场】类别中包含圆形遮罩、星星、爱心、水墨、画笔擦除等转场效果，这一类转场效果主要是通过不同的图形遮罩来实现画面之间的切换。图 4-84 和图 4-85 所示为【遮罩转场】类别中【星星 II】效果的展示。

图 4-84   图 4-85

4.3.5 运镜转场

【运镜转场】类别中包含推近、拉远、顺时针旋转、逆时针旋转等转场效果，这一类转场效果在切换过程中会产生回弹感和运动模糊等效果。

01 在剪映中同时导入 3 个视频素材，并拖曳设置每个视频的时长为 4 秒，如图 4-86 所示。

扫一扫 看视频

02 点击第一个 ▏ 按钮，打开转场选项栏，选中【运镜转场】|【推近】效果，设置时长为 1.5 秒，然后点击左下角的【全局应用】按钮，再点击✓按钮确认，如图 4-87 所示。

图 4-86　　　　　　　　　　　　　图 4-87

03 此时所有片段之间都设置为同样的转场效果，如图 4-88 所示。

04 选中第 2 个片段，点击【动画】按钮，如图 4-89 所示。

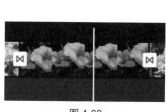

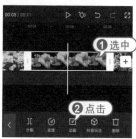

图 4-88　　　　　　　　　　　　　图 4-89

提示:

　　剪映里包含【特效】【动画】【转场】功能,这三者都可以让画面看起来更具动感,但【动画】功能既不能像【特效】那样改变画面内容,也不能像【转场】那样衔接两个片段,它所实现的是所选视频片段出现及消失时的"动态"效果。在一些以非技巧性转场衔接的片段中,加入一定的【动画】效果,可以让视频看起来更生动。

05 点击【入场动画】按钮,如图 4-90 所示。

06 选中【渐显】效果,设置时长为 2 秒,然后点击✓按钮确认,如图 4-91 所示。

图 4-90　　　　　　　　　　图 4-91

07 返回界面,第 2 段视频轨道前 2 秒有绿色遮盖表示【动画】效果,如图 4-92 所示。

08 导出视频后查看视频效果,如图 4-93 所示。

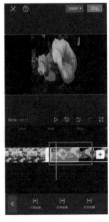

图 4-92　　　　　　　　　　图 4-93

第 5 章

添加字幕——丰富视频信息

　　为了使短视频作品信息更丰富，重点更突出，可以在短视频中添加一些文字，比如视频的字幕、关键词、歌词等。

5.1 制作字幕：阐释视频的主题

观看视频对于观众来说是一个被动接收信息的过程，添加字幕阐释视频的主题和重点，可帮助观众更好地接收视频要传递的信息。

5.1.1 添加基本字幕

在剪映中添加视频字幕的方法非常简单，在创建剪辑项目并添加视频素材后，在未选中素材的状态下，点击底部工具栏中的【文字】按钮，如图 5-1 所示。此时出现多个选项按钮，这里点击【新建文本】按钮，如图 5-2 所示。

图 5-1

图 5-2

剪映提供中文、英文及其他语言的文字输入，在不同语言栏下提供不同字体、样式等选项，在文本框内输入文字，然后点击☑按钮确认即可，如图 5-3 所示。返回上一级界面，此时添加了字幕轨道，如图 5-4 所示。

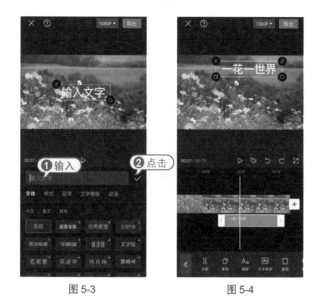

图 5-3　　　　　　　　　　　　　　图 5-4

5.1.2　调整字幕

在轨道区域中添加文字素材后，在选中文字素材的状态下，可以在底部工具栏中点击相应的工具按钮对文字素材进行分割、复制和删除等基本操作。

在预览区域中可以看到文字周围分布着一些功能按钮，如图 5-5 所示，通过这些功能按钮同样可以对文字进行一些基本调整。

点击文字旁的■按钮，或者双击文字素材，会打开输入框，可对文字内容进行修改，如图 5-6 所示；点击文字旁的■按钮，可对文字进行缩放和旋转操作，如图 5-7 所示；点击文字旁的■按钮，可以复制出一个相同的文本，如图 5-8 所示；按住文字素材进行拖动，可以调整文字位置。

图 5-5

图 5-6

图 5-7

图 5-8

113

在轨道区域中，按住文字素材，当素材变为灰色状态时，可左右拖动，以调整文字素材的摆放位置，如图 5-9 所示；在选中文字素材的状态下，按住素材前端或尾端的图标左右拖动，可以对文字素材的持续时间进行调整，如图 5-10 所示。

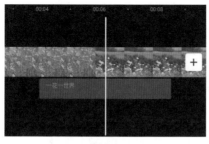 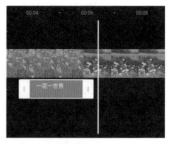

图 5-9　　　　　　　　　　　　　　　图 5-10

5.1.3　设置字幕样式

在创建字幕后，读者可以对文字的字体、颜色、描边和阴影等样式效果进行设置。打开字幕样式栏的方法有两种：一是在创建字幕时，点击文本输入栏下方的【样式】选项卡，即可切换至字幕样式栏，如图 5-11 所示。或是在轨道区域中选择字幕素材，然后点击底部工具栏中的【编辑】按钮，如图 5-12 所示，也可打开字幕栏并选择【样式】选项卡。

扫一扫　看视频

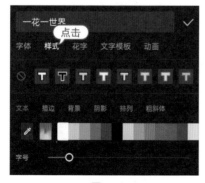 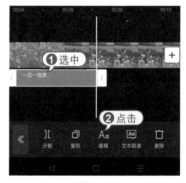

图 5-11　　　　　　　　　　　　　　　图 5-12

01 在剪映中导入一个视频素材，不选中轨道，点击【文字】按钮，如图 5-13 所示。

02 点击【新建文本】按钮，如图 5-14 所示。

03 弹出输入键盘，输入文字，点击✔按钮确认，如图 5-15 所示。

04 在预览区域中，将文字素材调整到合适的大小及位置，然后按住轨道中素材尾部的图标向右拖动，将素材时长延长。选中文字素材，点击【编辑】按钮，如图 5-16 所示。

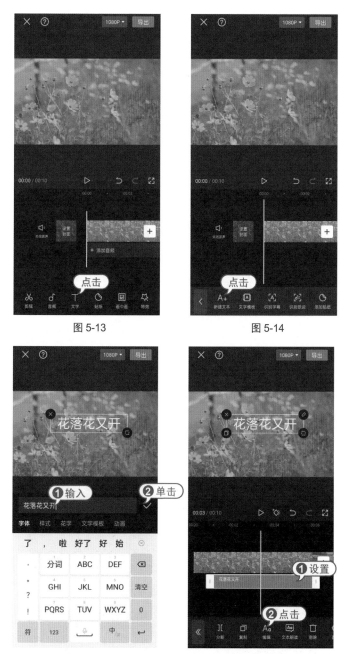

图 5-13

图 5-14

图 5-15

图 5-16

05 在【字体】选项卡中选中【幽悠然】字体，如图 5-17 所示。

06 选择【样式】选项卡，选中一个黑色描边样式，如图 5-18 所示。

| 图 5-17 | 图 5-18 |

07 选中【样式】|【阴影】选项卡，将颜色设置为绿色，调整透明度为 60，点击 ☑ 按钮确认，如图 5-19 所示。

08 选中文字素材，点击【动画】按钮，如图 5-20 所示。

| 图 5-19 | 图 5-20 |

09 选中【出场动画】|【向右擦除】选项，设置持续时间为 1.5 秒，点击 ✓ 按钮确认，如图 5-21 所示。

10 将时间轴拖至字幕后，点击【新建文本】按钮，如图 5-22 所示。

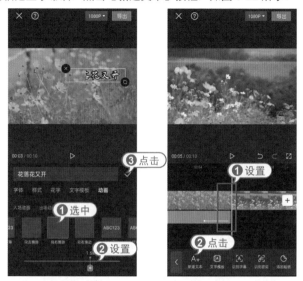

图 5-21　　　　　　　　　　　图 5-22

11 输入文字，然后设置和上一字幕相同的样式，点击 ✓ 按钮确认，如图 5-23 所示。

12 选中第 2 个文字素材，点击【动画】按钮，如图 5-24 所示。

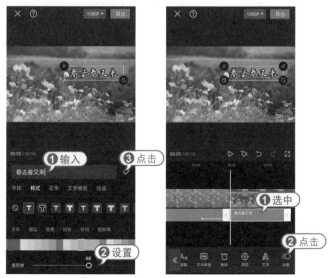

图 5-23　　　　　　　　　　　图 5-24

13 选中【入场动画】|【向右擦除】选项，设置持续时间为 1.5 秒，点击 ✓ 按钮确认，如图 5-25 所示。

14 返回界面后，调整第 2 个文字素材结尾和视频结尾一致，点击【导出】按钮导出视频，如图 5-26 所示。

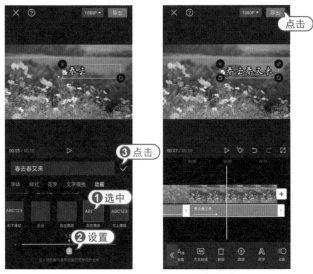

图 5-25   图 5-26

15 在手机相册中打开视频显示文字效果，如图 5-27 和图 5-28 所示。

图 5-27   图 5-28

5.2 语音识别：无须输入自动识别文字

使用手机制作一些解说类的短视频时，需要有不少的台词，在传统后期处理中，需要创作者根据语音卡点将文字输入进去，会花费比较多的时间和精力。而剪映提供了语音识别功能，可智能自动识别视频自带的语音并转换为文字，大大节省了制作视频的时间。

5.2.1 语音自动识别为字幕

剪映内置的【识别字幕】功能，可以对视频中的语音进行智能识别，然后自动转换为字幕。

01 在剪映中导入一个带语音的视频素材，不选中素材，点击【文字】按钮，如图 5-29 所示。

02 点击【识别字幕】按钮，如图 5-30 所示。

扫一扫　看视频

图 5-29　　　　　　　　　　图 5-30

03 弹出提示框，点击【开始识别】按钮，如图 5-31 所示。

04 识别完成后，将在轨道区域中自动生成几段文字素材，如图 5-32 所示。

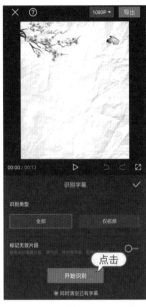

图 5-31   图 5-32

05 选中第 1 段文字素材，点击【批量编辑】按钮，如图 5-33 所示。

06 确认共 4 条字幕，然后点击第 1 条字幕，如图 5-34 所示。

图 5-33   图 5-34

07 在【字体】选项卡中选中【书法】|【挥墨体】字体，如图 5-35 所示。

08 在【样式】选项卡中设置描边、字号、透明度等参数，如图 5-36 所示。

图 5-35　　　　　　　　　　　　图 5-36

09 在【动画】选项卡中选中【出场动画】|【向左滑动】，设置持续时长为 1 秒，点击✓按钮确认，如图 5-37 所示。

10 点击✓按钮，使 4 条字幕的字体和样式的设置一致，如图 5-38 所示。

图 5-37　　　　　　　　　　　　图 5-38

11 由于【动画】效果不能全体应用，需要一个一个加以编辑，可以分别选中后面的字幕，逐一添上相同的【出场动画】|【向左滑动】动画效果，点击✔️按钮确认，如图 5-39 和图 5-40 所示。

图 5-39   图 5-40

12 所有字幕都添加了动画效果后，点击【导出】按钮导出视频，如图 5-41 所示。

13 在手机相册中查看视频效果，如图 5-42 所示。

图 5-41   图 5-42

5.2.2 字幕转换为语音

剪映除了能将语音转换为字幕，反过来也可以将字幕转换为语音，只需利用【朗读文本】功能即可轻松实现。

扫一扫 看视频

01 在剪映中导入一个视频素材，不选中素材，点击【文字】按钮，如图 5-43 所示。

02 点击【新建文本】按钮，如图 5-44 所示。

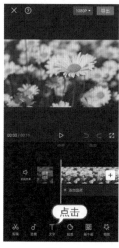

图 5-43 图 5-44

03 选中一个字体后输入文本，如图 5-45 所示。

04 设置字体样式，点击 ✓ 按钮确认，如图 5-46 所示。

图 5-45 图 5-46

05 将第 1 个文字素材拉长至合适位置，不选中任何素材，点击【新建文本】按钮，如图 5-47 所示。

06 输入文本，默认保持和上一字幕同样的样式，点击✓按钮确认，如图 5-48 所示。

图 5-47　　　　　　　　　　　　图 5-48

07 将第 2 个文字素材拉长至合适位置，不选中任何素材，点击【新建文本】按钮，如图 5-49 所示。

08 输入文本，默认保持和上一字幕同样的样式，点击✓按钮确认，如图 5-50 所示。

图 5-49　　　　　　　　　　　　图 5-50

124

09 返回上一级界面，点击【文本朗读】按钮，如图 5-51 所示。

10 选中【女声音色】|【小姐姐】音色效果，点击✓按钮确认，如图 5-52 所示。

图 5-51　　　　　　　　　　　　　图 5-22

11 使用相同的方法，为其余两个字幕添加同样的音色，此时字幕上都添加了【文本朗读】符号🅰️，点击【导出】按钮导出视频，如图 5-53 所示。

12 在手机相册中查看视频效果，如图 5-54 所示。

图 5-53　　　　　　　　　　　　　图 5-54

125

5.2.3 识别歌词

在剪辑项目中添加中文背景音乐后，通过【识别歌词】功能，可以对音乐的歌词进行自动识别，并生成相应的字幕素材，对于一些想要制作音乐 MV 短片、卡拉 OK 视频效果的创作者来说，这是一项非常省时省力的功能。

使用【识别歌词】功能的操作方法非常简单。首先在剪辑项目中完成背景视频素材的添加和处理后，将时间轴定位至需要添加背景音乐的时间点，然后在未选中素材的状态下，点击【音频】|【音乐】按钮，如图 5-55 所示。进入音乐素材库后，选择一首背景音乐并添加至剪辑项目，如图 5-56 所示。

图 5-55　　　　　　　　　　图 5-56

返回第一级底部工具栏，在未选中素材的状态下，点击【文字】按钮，如图 5-57 所示。然后点击【识别歌词】按钮，如图 5-58 所示。

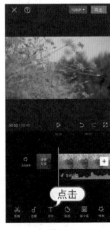

图 5-57　　　　　　　　　　图 5-58

弹出提示框后，点击【开始识别】按钮，如图 5-59 所示。识别完毕后，将在轨道区域中自动生成多段字幕素材，且各段字幕素材自动匹配相应的歌词时间点，如图 5-60 所示。用户也可以对文字素材进行单独或统一的样式修改，以呈现更精美的画面效果。

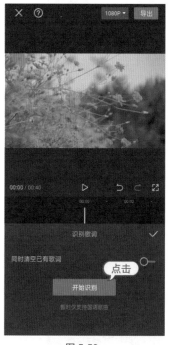

图 5-59

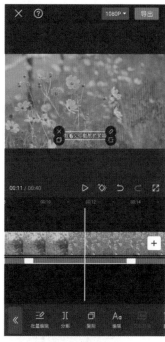

图 5-60

5.3 动画字幕：营造趣味性文字

利用剪映自带的字幕动画效果，如花字、动画、混合等可以让字幕变幻无穷，此外使用贴纸中的文字功能也能添加艺术字幕，让短视频中的文字效果更加抢眼。

5.3.1 插入花字

花字是一种艺术字类型的字幕，由于花样繁多，因此独立于【字体】【样式】存在。要输入花字，首先和普通字幕一样，点击【文字】|【新建文本】按钮，进入输入文字界面，选择【花字】选项卡，选中一种花字类型，如图 5-61 所示。拖曳右下角的█按钮可以调整文字的大小和旋转角度，输入文字后，点击✓按钮确认，如图 5-62 所示。

图 5-61

图 5-62

5.3.2 制作打字动画效果

字幕添加动画能让文字更加灵动，下面用文字入场动画效果和音效配合制作一段打字效果短视频。

01 在剪映中导入一个视频素材（自带音频），选中素材后点击【音频分离】按钮，如图 5-63 所示。

02 选中分离出的音频轨道，点击【删除】按钮，如图 5-64 所示。

扫一扫　看视频

图 5-63

图 5-64

03 返回初始界面，不选中素材，点击【文字】按钮，如图 5-65 所示。

04 点击【新建文本】按钮，如图 5-66 所示。

| 图 5-65 | 图 5-66 |

05 选中一种字体并输入文字，如图 5-67 所示。

06 在【样式】选项卡中，选择绿色的字体颜色，点击 ✓ 按钮确认，如图 5-68 所示。

| 图 5-67 | 图 5-68 |

07 将字幕拉长至与视频时长一致，如图 5-69 所示。

08 选中字幕，点击【动画】按钮，如图 5-70 所示。

图 5-69   图 5-70

09 选中【入场动画】|【打字机 I】效果，设置持续时长为 2 秒，点击✓按钮确认，如图 5-71 所示。

10 返回初始界面，点击【音频】按钮，如图 5-72 所示。

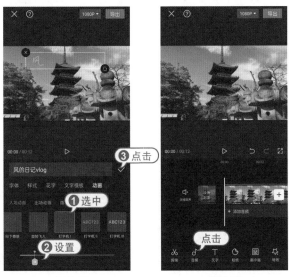

图 5-71   图 5-72

11 点击【音效】按钮，如图 5-73 所示。

12 选择【机械】|【打字声】音效，点击【使用】按钮，如图 5-74 所示。

图 5-73　　　　　　　　　　　　　图 5-74

13 此时添加了 1 秒的音效，点击【导出】按钮导出视频，如图 5-75 所示。

14 在手机相册中查看视频效果，显示有打字动画并伴随打字声，如图 5-76 所示。

图 5-75　　　　　　　　　　　　　图 5-76

5.3.3 使用文字贴纸

上一章介绍了剪映的【贴纸】功能，而文字中也包含【添加贴纸】功能，剪映提供多种文字贴纸让文字显得更加光彩夺目。

要使用文字贴纸，首先导入视频素材，点击【文字】按钮，如图 5-77 所示。然后继续点击【添加贴纸】按钮，如图 5-78 所示。

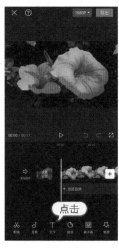

图 5-77   图 5-78

此时进入贴纸界面，不仅有图案贴纸，还有许多文字类贴纸，比如选中【花样】贴纸即可将其插入视频中，然后调整贴纸的大小、位置、角度，最后点击✓按钮确认，如图 5-79 所示。返回至上一界面中，显示添加的贴纸素材轨道，如图 5-80 所示。

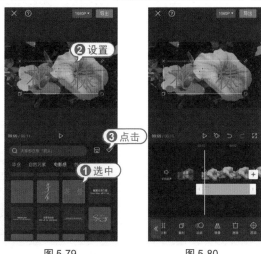

图 5-79   图 5-80

5.3.4 制作镂空文字开场

镂空文字的开场可以展示视频标题及其他文字信息，让画面显得文艺、有内涵，是制作微电影、vlog 等视频的常用开场。要制作镂空文字，需要利用剪映中的【画中画】和【混合模式】功能编辑文字和视频。

扫一扫 看视频

01 在剪映中选中【素材库】中的【黑屏】素材，点击【添加】按钮，如图 5-81 所示。

02 点击【文字】按钮，如图 5-82 所示。

图 5-81 图 5-82

03 点击【新建文本】按钮，如图 5-83 所示。

04 选中【创意】|【综艺体】字体，输入文字，如图 5-84 所示。

图 5-83 图 5-84

133

05 在【样式】选项卡中选中一种描边选项，然后设置描边的颜色和粗细度，点击
✓按钮确认，如图 5-85 所示。

06 点击【导出】按钮生成一个字幕视频，如图 5-86 所示。

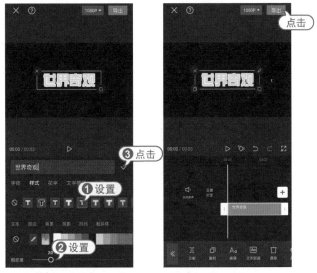

图 5-85   图 5-86

07 重新导入一个视频素材，点击【画中画】按钮，如图 5-87 所示。

08 点击【新增画中画】按钮，如图 5-88 所示。

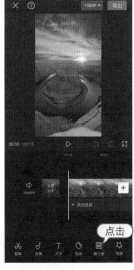

图 5-87   图 5-88

134

09 选中刚导出的字幕视频，点击【添加】按钮。如图 5-89 所示。

10 在轨道区域里选中字幕视频，然后使用双指放大至合适大小和位置，点击【混合模式】按钮，如图 5-90 所示。

图 5-89

图 5-90

11 选中【正片叠底】模式，点击✓按钮确认，如图 5-91 所示。

12 导出视频后在手机相册中查看视频效果，有3秒的镂空字开场，如图 5-92 所示。

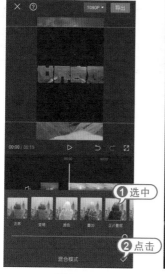

图 5-91

图 5-92

5.3.5 使用文字模板

剪映还提供了丰富的文字模板，帮助创作者快速制作出精美格式的动态或静态文字效果。比如要插入【气泡】类模板的动态文字，首先进入输入文字的界面，选择【文字模板】选项卡，然后选中【气泡】栏下的一种效果，点击✓按钮确认，即可插入该文字模板字幕，如图 5-93 和图 5-94 所示。

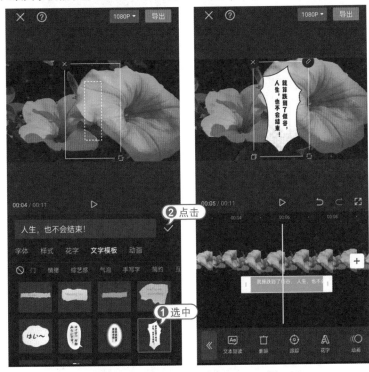

图 5-93　　　　　　　　　　　图 5-94

第 6 章

音频卡点——打造音乐节奏

　　音乐给视频画面带来全面动感的视听享受，音频是短视频中非常重要的元素，视频中的音频包括视频原声、后期配音、背景音乐音效等。添加适当的音频，会让短视频层次更加丰富且打动人心。

6.1 添加音频：本地音乐库和导入音乐

剪映可以自由调用自带的音乐库中不同类型的音乐素材，支持将抖音等平台中的音乐或本地相册中的音乐添加到剪辑中。

6.1.1 从音乐库和抖音中选取音频

在剪映音乐库中选取音乐的操作方法在前面的章节也有提及，首先在未选中素材的状态下，点击【音频】按钮，然后继续点击【音乐】按钮，如图6-1和图6-2所示。

图6-1　　　　　　　　　图6-2

进入音乐素材库，里面对音乐进行了细分，读者可以根据音乐类别来挑选自己想要的音频，比如点击【旅行】图标，进入其列表，选择歌曲，点击【使用】按钮即可插入该音频，如图6-3和图6-4所示。

图6-3　　　　　　　　　图6-4

剪映和抖音、西瓜视频等平台直接关联,支持在剪辑项目中添加抖音中的音乐。首先要登录抖音账号,打开剪映并点击【我的】按钮,如图6-5所示,然后点击【抖音登录】按钮,登录抖音的账号,如图6-6所示。

图 6-5   图 6-6

登录抖音账号以后,进入剪辑项目界面时,点击【音频】按钮后,就可以点击【抖音收藏】按钮,找到自己在抖音中收藏过的音乐并调用,如图6-7和图6-8所示。

图 6-7   图 6-8

6.1.2 导入本地音乐

若想要导入本地音乐，可以打开剪映音乐库，选择【导入音乐】选项卡，点击【本地音乐】按钮，然后选择音乐文件并点击【使用】按钮导入，如图6-9和图6-10所示。

图 6-9   图 6-10

6.1.3 提取视频音乐

剪映支持用户对本地相册中拍摄和存储的视频进行提取音乐操作，可以将其他视频中的音乐提取并应用在剪辑项目中。

01 在剪映中导入一个无音频的视频素材，不选中素材，点击【音频】按钮，如图 6-11 所示。

02 点击【提取音乐】按钮，如图 6-12 所示。

扫一扫　看视频

03 进入【照片视频】界面，选择要提取背景音乐的视频，然后点击【仅导入视频的声音】按钮，如图 6-13 所示。

04 此时将添加音频轨道，调整其时长和视频时长一致，如图 6-14 所示。

图 6-11

图 6-12

图 6-13

图 6-14

6.2 处理音频：编辑音频的基本操作

剪映为短视频创作者提供了比较完善的音频处理功能，支持创作者在剪辑项目中对音频素材进行添加音效、音量个性化调节及降噪处理等。

6.2.1 添加音效

当出现和视频画面相符的音效时，会大大增加视频代入感。剪映的音乐库中提供了丰富的音效选项，方便用户提取使用。

首先不选中素材，将时间轴定位在需要添加音效的时间点，点击【音频】按钮，如图 6-15 所示。继续点击【音效】按钮，如图 6-16 所示。

图 6-15

图 6-16

此时将打开音效选项栏，分别有【笑声】【综艺】【机械】【BGM】【人声】等不同类别的音效，和添加音乐的方法一致，选中音效后，点击【使用】按钮即可，如图 6-17 和图 6-18 所示。

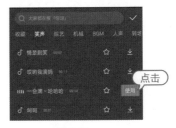

图 6-17

图 6-18

6.2.2 调节音量

为视频添加音乐、音效或配音后，可能会出现音量过大或过小的情况，为了满足不同需求，添加音频素材后，可以对其音量进行自由调整。

在轨道区域中选中音频素材，点击【音量】按钮，如图 6-19 所示。然后可通过控制滑块调整音量大小，如图 6-20 所示。

图 6-19   图 6-20

如果要完全静音，可调整音量为 0，或者将整个音频素材删除。如果视频素材本身就有自带声音且已混为一体，要想完全静音，则需要在初始界面中，点击视频轨道左侧的【关闭原声】按钮，即可实现视频静音，如图 6-21 所示。

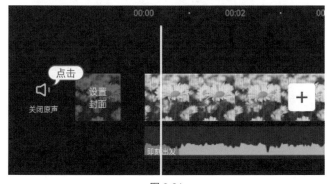

图 6-21

143

6.2.3 音频淡入淡出处理

调整音量只能整体提高或降低音频声音的高低，若要形成由弱到强或由强到弱的音量效果，需要使用音频淡入和淡出处理。

01 在剪映中导入一个视频素材，点击【关闭原声】按钮关闭视频音乐，如图 6-22 所示。

扫一扫　看视频

02 关闭原声后，点击【音频】按钮，如图 6-23 所示。

图 6-22　　　　　　　　　　图 6-23

03 点击【音乐】按钮，如图 6-24 所示。

04 进入剪映音乐库，滑动手机，点击【浪漫】图标，如图 6-25 所示。

图 6-24　　　　　　　　　　图 6-25

05 选中一首歌曲，点击【使用】按钮，如图 6-26 所示。
06 界面中显示添加了音乐轨道，调整视频和音频时长一致，如图 6-27 所示。

图 6-26   图 6-27

07 选中音乐素材，将时间轴定位在 12 秒处，点击【分割】按钮，如图 6-28 所示。
08 将音频分割为 2 段音频，选中第 1 段音频，点击【淡化】按钮，如图 6-29 所示。

图 6-28   图 6-29

09 调整滑块设置【淡入时长】和【淡出时长】均为 1.5 秒，点击☑按钮确认，如图 6-30 所示。

10 使用相同的方法设置第 2 段音频的淡入和淡出，如图 6-31 所示。

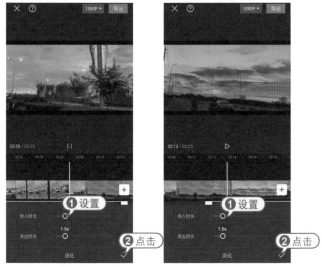

| 图 6-30 | 图 6-31 |

11 在音频轨道中可以看到起始和结束位置都出现了淡化效果，点击【导出】按钮导出视频，如图 6-32 所示。

12 在手机相册中播放导出的视频，如图 6-33 所示。

| 图 6-32 | 图 6-33 |

6.2.4 复制音频

若要重复利用一段音频素材，则可以选中音频后进行复制操作。复制音频的方法和复制视频相同，在轨道区域中选择需要复制的音频素材，点击【复制】按钮，即可得到一段同样的音频素材，如图 6-34 和图 6-35 所示。

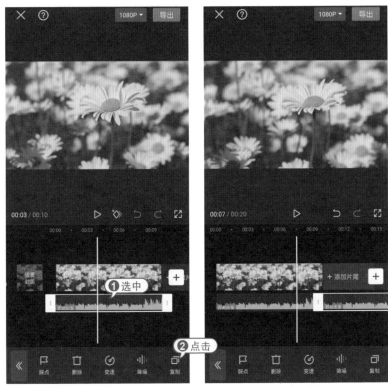

图 6-34　　　　　　　　　　　　　　　　图 6-35

6.2.5 音频降噪

在日常拍摄时，由于环境因素的影响，拍摄的视频容易夹杂一些杂音和噪声，非常影响观看体验。剪映为创作者提供了降噪功能，可以方便快捷地去除音频中的各种杂音、噪声等，从而提升音频的质量。

在轨道区域选中需要进行降噪处理的视频或音频素材，点击【降噪】按钮，如图 6-36 所示。点击【降噪开关】开关按钮，将降噪功能打开，剪映将自动进行降噪处理，完成降噪处理后，降噪开关变为开启状态，点击✓按钮确认，保存降噪处理，如图 6-37 所示。

图 6-36

图 6-37

6.3 音频变声：轻松实现特殊噪音

很多短视频创作者会选择对视频原声进行变声或变速处理，通过这样的处理方式，不仅可以加快视频的节奏，还能增强视频的趣味性，形成鲜明的个人特色。

6.3.1 录制声音

通过剪映中的【录音】功能，用户可以实时在剪辑项目中完成旁白的录制和编辑工作。在使用剪映录制旁白前，最好连接上耳麦，有条件的话可以配备专业的录制设备，这样能有效地提升声音质量。

在剪辑项目中开始录音前，先在轨道区域中将时间线定位至音频开始处，然后在不选中素材的状态下，点击【音频】按钮，接着在打开的音频选项栏中点击【录音】按钮，如图 6-38 和图 6-39 所示。

图 6-38

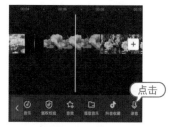

图 6-39

点击红色的录制按钮即可开始录音，再次点击则停止录音，如图 6-40 所示。点击✓按钮确认后，则会出现录音轨道，可以像音频素材一样进行音量调整、淡化、分割等操作，如图 6-41 所示。

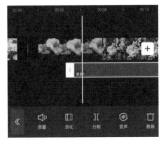

图 6-40   图 6-41

6.3.2 变速声音

使用剪映可以对音频的播放速度进行放慢或加快等变速处理，从而制作出一些特殊的背景音乐。

选中音频素材，点击【变速】按钮，如图 6-42 所示。通过左右拖动速度滑块，可以对音频素材进行减速或加速处理。速度滑块停留在 1x 数值处时，代表此时音频为正常播放速度。当向左拖动滑块时，音频素材将被减速，且素材持续时长会变长；当向右拖动滑块时时，音频素材将被加速，且素材的持续时长将变短，如图 6-43所示。

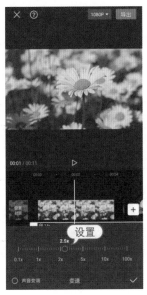

图 6-42   图 6-43

提示：

在进行音频变速操作时，如果想对旁白声音进行变调处理，可以选中如图 6-43 所示左下角的【声音变调】单选按钮，完成操作后，人物说话时的音色将会发生改变。

6.3.3　变声处理

创作者经常在一些游戏类或直播类的短视频里，为了提高人气，会使用变声软件进行变声处理，强化人物情绪，增添视频的趣味性和幽默感。需要注意的是，剪映中一般只能对视频素材进行变声操作，音频素材可以先和视频结合后导出为一个整体，再进行变声操作。

比如导入一个带有配音的视频素材，选中素材后，点击【变声】按钮，如图 6-44 所示。在打开的变声选项栏中，根据实际需求选择要变声的效果，如选中【基础】|【女生】选项，点击✓按钮确认，如图 6-45 所示。

图 6-44

图 6-45

6.4 变速卡点：让音乐融入场景

音乐卡点视频是如今各大短视频平台上比较热门的视频，通过后期处理，将视频画面的每一次转换与音乐鼓点相匹配，整个画面变得节奏感极强。剪映推出了【踩点】功能，不仅支持手动标记节奏点，还能快速分析背景音乐，自动生成节奏标记点。

6.4.1 手动踩点

卡点视频可以分为图片卡点和视频卡点两类。图片卡点是将多张图片组合成一个视频，图片会根据音乐的节奏进行规律的切换；视频卡点则是视频根据音乐节奏进行转场或内容变化，或是高潮情节与音乐的某个节奏点同步。

用户可以一边试听音频效果，一边手动标记踩点。首先选中视频或音乐素材，点击【踩点】按钮，如图 6-46 所示。将时间轴定位至需要进行标记的时间点上，然后点击【添加点】按钮，如图 6-47 所示。

图 6-46

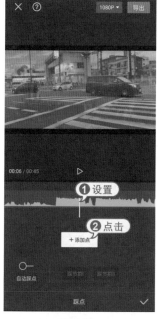

图 6-47

此时在时间轴所处位置添加一个黄色的标记点，如果对添加的标记点不满意，点击【删除点】按钮即可将标记点删除，如图 6-48 所示。

标记点添加完成后，点击☑按钮确认，此时在轨道区域中可以看到刚刚添加的标记点，如图 6-49 所示，根据标记点所处位置可以轻松地对视频进行剪辑，完成卡点视频的制作。

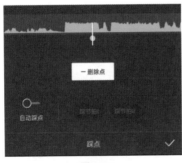

图 6-48 图 6-49

6.4.2 自动踩点

　　剪映还提供了音乐自动踩点功能，通过一键设置即可在音乐上自动标记节奏点，并可以按个人喜好选择踩节拍或踩旋律模式，大大提高了作品的节奏感。对比手动踩点，自动踩点功能更加方便、高效和准确，因此建议用户使用自动踩点的方法来制作卡点视频。

扫一扫　看视频

01 在剪映中导入多张图片素材，不选中素材，点击【音频】按钮，如图 6-50 所示。

02 点击【音乐】按钮，如图 6-51 所示。

图 6-50 图 6-51

03 进入音乐库，点击【卡点】图标，此类音乐的节奏比较强烈，如图 6-52 所示。

04 选择一首歌曲，点击【使用】按钮，如图 6-53 所示。

图 6-52　　　　　　　　　　　　图 6-53

05 选中添加的音乐轨道，点击【踩点】按钮，如图 6-54 所示。

06 点击打开【自动踩点】开关，如图 6-55 所示。

图 6-54　　　　　　　　　　　　图 6-55

07 弹出对话框，点击【添加踩点】按钮，如图 6-56 所示。

08 选中【踩节拍 1】选项，此时显示黄色踩点，点击 ✓ 按钮确认，如图 6-57 所示。

图 6-56 图 6-57

09 选中第 1 段视频素材，拖曳其右侧的白色拉杆，使其与音频轨道上的第 2 个节拍点对齐，调整第 1 段视频轨道的时长，如图 6-58 所示。

10 采用同样的操作方法，调整第 2、3 段视频轨道的时长，并删除多余的音频轨道，如图 6-59 所示。

图 6-58 图 6-59

11 将时间轴拖至开头，点击【特效】按钮，如图 6-60 所示。

12 点击【画面特效】按钮，如图 6-61 所示。

图 6-60

图 6-61

13 选中【氛围】|【光斑飘落】效果，点击✓按钮确认，如图 6-62 所示。

14 拖曳特效轨道，调整至和第 2 个节拍点对齐，如图 6-63 所示。

图 6-62   图 6-63

155

15 返回至上一界面，将时间轴拖至第 2 段视频开头，点击【人物特效】按钮，如图 6-64 所示。

16 选中【装饰】|【破碎的心】特效，然后点击【调整参数】文字，如图 6-65 所示。

图 6-64

图 6-65

17 设置特效参数，然后点击✓按钮确认，如图 6-66 所示。

18 拖曳特效轨道，调整至和第 3 个节拍点对齐，如图 6-67 所示。

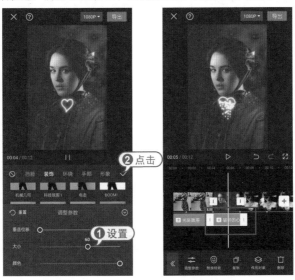

图 6-66   图 6-67

156

19 返回至上一界面，将时间轴拖至第 3 段视频开头，点击【画面特效】按钮，如图 6-68 所示。

20 选中【氛围】|【水彩晕染】特效，点击✓按钮确认，如图 6-69 所示。

图 6-68　　　　　　　　　图 6-69

21 拖曳特效轨道，调整至和最后一个节拍点对齐，最后导出视频，如图 6-70 所示。

22 在手机相册中查看视频效果，如图 6-71 所示。

图 6-70　　　　　　　　　图 6-71

6.4.3 结合蒙版卡点

通过音乐踩点再结合剪映的【蒙版】和【画中画】功能，可
以制作出更具动感、也更丰富的视频卡点效果。

01 在剪映中导入 3 张图片素材，不选中素材，点击【音频】按钮，
如图 6-72 所示。

02 点击【音乐】按钮，如图 6-73 所示。

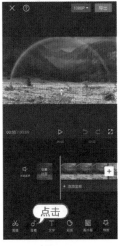

图 6-72　　　　　　　　　图 6-73

03 进入音乐库，点击【卡点】图标，如图 6-74 所示。

04 选择一首歌曲，点击【使用】按钮，如图 6-75 所示。

图 6-74　　　　　　　　　图 6-75

05 选中添加的音乐轨道，然后点击【踩点】按钮，如图 6-76 所示。

06 点击打开【自动踩点】开关，选中【踩节拍1】选项，点击✓按钮确认，如图 6-77 所示。

图 6-76

图 6-77

07 添加节拍点后，将 3 段视频各拉长至两个节拍点的长度，然后删除多余的音轨，如图 6-78 所示。

08 返回至初始界面，定位于开头处，点击【画中画】按钮，如图 6-79 所示。

图 6-78

图 6-79

09 点击【新增画中画】按钮，如图 6-80 所示。

10 导入和第一段视频同样的图片，如图 6-81 所示。

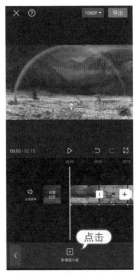
图 6-80

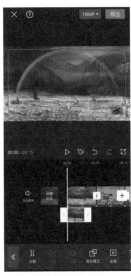
图 6-81

11 调整两端使两张同样图片的视频长度一致，选中上面轨道区域中的第 1 段视频，点击【蒙版】按钮，如图 6-82 所示。

12 选择【星形】蒙版，在预览区域中调整蒙版的大小和倾斜度，点击左下角的【反转】按钮，点击☑按钮确认，如图 6-83 所示。

图 6-82

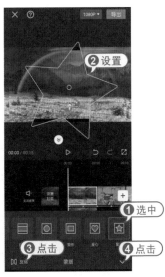
图 6-83

13 选中画中画轨道视频，点击【蒙版】按钮，如图 6-84 所示。

14 选择【星形】蒙版，在预览区域中调整蒙版，使其和第 1 个星形蒙版对齐，点击✓按钮确认，如图 6-85 所示。

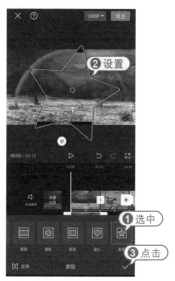

图 6-84   图 6-85

15 选中第 1 个视频，点击【动画】按钮，如图 6-86 所示。

16 点击【组合动画】按钮，如图 6-87 所示。

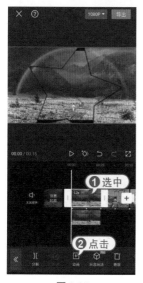
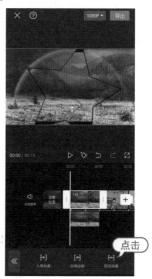

图 6-86   图 6-87

17 选中【缩小旋转】选项，点击☑️按钮确认，如图 6-88 所示。

18 选中画中画轨道视频，依次点击【动画】和【组合动画】按钮，选择【旋转降落改】选项，点击☑️按钮确认，如图 6-89 所示。

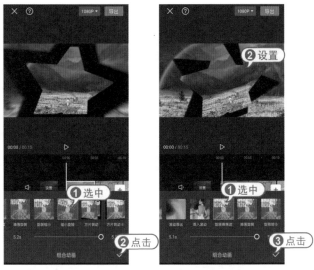

图 6-88　　　　　　　　　　　图 6-89

19 使用相同的方法，为其他两段图片视频结合画中画添加合适的蒙版和动画，最后导出视频，如图 6-90 所示。

20 在手机相册内播放并查看视频效果，如图 6-91 所示。

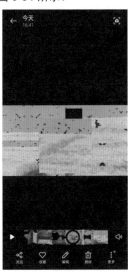

图 6-90　　　　　　　　　　　图 6-91

第 7 章

爆款模板——快剪流行短视频

通过剪映的【剪同款】功能，用户可以轻松套用视频模板，一键制作同款视频，整体操作简单方便，是新手最好的帮手。

7.1 变色花朵：多彩吸睛惹人爱

花朵变色的效果很适合花卉植物等近景照片或视频，随着音乐变化而变成不同的颜色，非常吸人眼球。

01 打开剪映，点击底部的【剪同款】按钮，如图 7-1 所示。

02 在搜索框中输入关键字搜索模板，如图 7-2 所示。

扫一扫　看视频

图 7-1

图 7-2

03 选中一款模板，如图 7-3 所示。

04 点击【剪同款】按钮，如图 7-4 所示。

图 7-3

图 7-4

05 进入手机的照片视频库，选中 1 张花的照片，由于该视频分为 4 段，需要点击 4 次照片，然后点击【下一步】按钮，如图 7-5 所示。

06 查看视频效果后，点击【导出】按钮，如图 7-6 所示。

图 7-5

图 7-6

07 点击【无水印保存并分享】按钮，将该视频保存并分享至抖音，如图 7-7 所示。

08 在手机相册中播放并查看视频效果，如图 7-8 所示。

图 7-7

图 7-8

7.2 漫画特效：漫画和真人反转

前面的章节中制作过真人变身漫画的短视频，也可以倒转过来将漫画变身为真人，并且一键即可完成，无需复杂操作。

01 打开剪映，点击底部的【剪同款】按钮，如图 7-9 所示。

02 在搜索框中输入关键字搜索模板，如图 7-10 所示。

图 7-9

图 7-10

03 选中一款模板，如图 7-11 所示。

04 点击【剪同款】按钮，如图 7-12 所示。

图 7-11

图 7-12

166

05 进入手机的照片视频库，选中一张女孩的照片，由于该视频分为两段，需要点击两次照片，然后点击【下一步】按钮，如图7-13所示。

06 查看视频效果后，点击【导出】按钮，如图7-14所示。

图 7-13

图 7-14

07 点击【无水印保存并分享】按钮，将该视频保存并分享至抖音，如图7-15所示。

08 在手机相册中播放并查看视频效果，如图7-16所示。

图 7-15

图 7-16

7.3 图文混排：编辑应用模板

通过【剪同款】功能应用模板十分方便，有时用户可能需要有自己的特色，并且在此基础上进行编辑及增减元素等操作，这就需要对应用的模板进行自定义编辑，在同款模板的基础上发展出自己想要的效果。

扫一扫 看视频

01 打开剪映，点击底部的【剪同款】按钮，如图 7-17 所示。

02 在搜索框中输入关键字搜索模板，如图 7-18 所示。

图 7-17

图 7-18

03 选中一款模板，如图 7-19 所示。

04 点击【剪同款】按钮，如图 7-20 所示。

图 7-19

图 7-20

05 进入手机的照片视频库，分别点击两个视频，然后点击【下一步】按钮，如图 7-21 所示。

06 查看视频效果，要继续编辑视频，可以在第 1 个视频时间段内点击【视频编辑】|【点击编辑】按钮，如图 7-22 所示。

图 7-21

图 7-22

07 此时浮现【拍摄】【替换】【裁剪】【音量】4 个按钮，其中【拍摄】和【替换】按钮是用来对已添加的素材进行更改操作的选项。点击【拍摄】按钮，如图 7-23 所示，将进入视频拍摄界面。

08 此时可以拍摄新的照片或视频来替换之前添加的素材，如图 7-24 所示。

图 7-23

图 7-24

09 点击【替换】按钮可以再次打开素材选取界面，重新选择素材进行替换操作，如图 7-25 所示。

10 此时第 1 段视频被替换成新视频，如图 7-26 所示。

图 7-25   图 7-26

11 点击【裁剪】按钮可以对画面进行裁剪，或移动底下的裁剪框来重新选取需要显示的区域，如图 7-27 所示。

12 此时显示裁剪后的视频效果，如图 7-28 所示。

图 7-27   图 7-28

13 点击【音量】按钮可以调整原视频音量，这里默认为0，如图7-29所示。

14 切换至【文本编辑】选项，如图7-30所示。

图 7-29   图 7-30

15 点击第一个文字按钮，可在最上面的文本框内重新输入文字，点击✓按钮确认，如图7-31所示。

16 返回上一级界面，点击【导出】按钮，如图7-32所示。

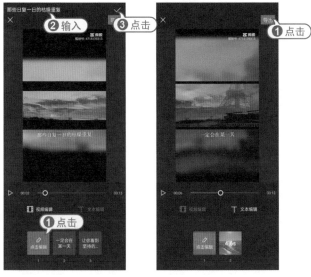

图 7-31   图 7-32

17 点击保存按钮 📷，如图 7-33 所示，此时留有剪映的水印，并不用分享至抖音。

18 在手机相册中播放并查看视频效果，如图 7-34 所示。

图 7-33　　　　　　　　　图 7-34

7.4 变成三岁：奇妙返老还童术

"变成三岁"这个模板比较神奇，能让人一秒变回三岁左右的样子，只需要一张正面照片即可。

01 打开剪映，点击底部的【剪同款】按钮，如图 7-35 所示。

02 在搜索框中输入关键字搜索模板，如图 7-36 所示。

扫一扫　看视频

图 7-35　　　　　　　　　图 7-36

03 选中一款模板，如图 7-37 所示。

04 点击【剪同款】按钮，如图 7-38 所示。

| 图 7-37 | 图 7-38 |

05 进入手机的照片视频库，选中一张女人的照片，该视频分为 4 段，但点击一次即可，然后点击【下一步】按钮，如图 7-39 所示。

06 查看视频效果后，点击【导出】按钮，如图 7-40 所示。

| 图 7-39 | 图 7-40 |

173

07 点击【无水印保存并分享】按钮，如图 7-41 所示，将该视频保存并分享至抖音。

08 在手机相册中播放并查看视频效果，如图 7-42 所示。

 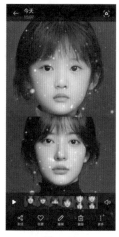

图 7-41　　　　　　　　图 7-42

7.5　三维夜景：动感夜色照片

制作三维夜景效果，很适合灯光下的夜景照片或视频，再加上预设的 3D 特效，那么让人会有建筑等景物在立体移动的感觉，非常有特色。

01 打开剪映，点击底部的【剪同款】按钮，如图 7-43 所示。

02 在搜索框中输入关键字搜索模板，如图 7-44 所示。

扫一扫　看视频

图 7-43　　　　　　　　图 7-44

03 选中一款模板，如图 7-45 所示。

04 点击【剪同款】按钮，如图 7-46 所示。

图 7-45　　　　　　　　　　图 7-46

05 进入手机的照片视频库，点击 5 张夜景照片，然后点击【下一步】按钮，如图 7-47 所示。

06 查看视频效果后，点击【导出】按钮，如图 7-48 所示。

图 7-47　　　　　　　　　　图 7-48

07 点击【无水印保存并分享】按钮，如图 7-49 所示，将该视频保存并分享至抖音。
08 在手机相册中播放并查看视频效果，如图 7-50 所示。

图 7-49 图 7-50

7.6 萌宠视频：记录可爱猫猫 vlog

如今宠物在家庭生活中占比越来越重，抖音、小红书等平台上都有不少的萌宠猫狗的 vlog 短视频，剪映中提供了不少萌宠的模板供读者套用。

扫一扫 看视频

01 打开剪映，点击底部的【剪同款】按钮，如图 7-51 所示。
02 在搜索框中输入关键字搜索模板，如图 7-52 所示。

图 7-51 图 7-52

03 选中一款模板，如图 7-53 所示。

04 点击【剪同款】按钮，如图 7-54 所示。

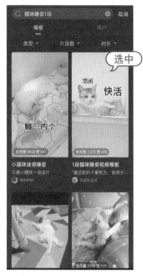

图 7-53　　　　　　　　　　　　　图 7-54

05 进入手机的照片视频库，点击一段猫猫视频，然后点击【下一步】按钮，如图 7-55 所示。

06 点击【视频编辑】|【点击编辑】|【裁剪】按钮，如图 7-56 所示。

图 7-55　　　　　　　　　　　　　图 7-56

07 在预览区域中拖动放大或缩小显示区域，并移动底下的裁剪框来重新选取需要显示的区域，然后点击【确认】按钮，如图 7-57 所示。

08 点击【文字编辑】|【点击编辑】按钮，将原来的文字"悠闲""快乐"改为"没头脑""不高兴"，点击✓按钮确认，点击【导出】按钮，如图 7-58 所示。

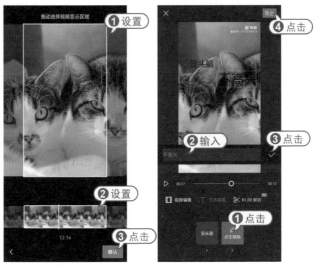

图 7-57　　　　　　　　图 7-58

09 点击【无水印保存并分享】按钮，如图 7-59 所示，将该视频保存并分享至抖音。

10 在手机相册中播放并查看视频效果，如图 7-60 所示。

图 7-59　　　　　　　　图 7-60

7.7 慢放走路：强调独立之美

一个人走在路上，即使有点孤单寂寞，却不缺独立个性，"走步慢动作"视频模板正是为了强调这种独立美而为你保留。

01 打开剪映，点击底部的【剪同款】按钮，如图 7-61 所示。

02 在搜索框中输入关键字搜索模板，如图 7-62 所示。

扫一扫　看视频

图 7-61

图 7-62

03 选中一款模板，如图 7-63 所示。

04 点击【剪同款】按钮，如图 7-64 所示。

图 7-63

图 7-64

05 进入手机的照片视频库，点击一段视频，然后点击【下一步】按钮，如图 7-65 所示。

06 点击【视频编辑】|【点击编辑】|【裁剪】按钮，如图 7-66 所示。

图 7-65　　　　　　　　图 7-66

07 在预览区域中拖动放大或缩小显示区域，并移动底下的裁剪框来重新选取需要显示的区域，然后点击【确认】按钮，如图 7-67 所示。

08 点击【导出】按钮导出视频，如图 7-68 所示。

图 7-67　　　　　　　　图 7-68

09 点击【无水印保存并分享】按钮，如图 7-69 所示，将该视频保存并分享至抖音。

10 在手机相册中播放并查看视频效果，如图 7-70 所示。

图 7-69   图 7-70

7.8 动感相册：朋友圈中最有型

朋友圈中的照片一般是九宫格居多，其实多张照片可以用模板制作一个动感相册视频，惊艳你的朋友圈。

01 打开剪映，点击底部的【剪同款】按钮，如图 7-71 所示。

02 在搜索框中输入关键字搜索模板，如图 7-72 所示。

扫一扫 看视频

图 7-71   图 7-72

03 选中一款模板，如图 7-73 所示。

04 点击【剪同款】按钮，如图 7-74 所示。

图 7-73   图 7-74

05 进入手机的照片视频库，点击选择 9 张照片，然后点击【下一步】按钮，如图 7-75 所示。

06 点击【导出】按钮导出视频，如图 7-76 所示。

图 7-75   图 7-76

07 点击【保存】按钮🖫，将该视频保存至手机，如图 7-77 所示。

08 返回剪映初始界面，点击【开始创作】按钮，如图 7-78 所示。

图 7-77　　　　　　　　　　图 7-78

09 在手机视频库中选中刚导出的视频，然后点击【添加】按钮，如图 7-79 所示。

10 点击【特效】按钮，如图 7-80 所示。

图 7-79　　　　　　　　　　图 7-80

11 点击【画面特效】按钮，如图 7-81 所示。

12 选择【自然】|【花瓣飞扬】特效，点击【调整参数】文字，设置特效参数，点击✓按钮确认，如图 7-82 所示。

图 7-81   图 7-82

13 调整特效轨道的长度，然后点击【导出】按钮导出视频，如图 7-83 所示。

14 在手机相册中播放并查看视频效果，如图 7-84 所示。

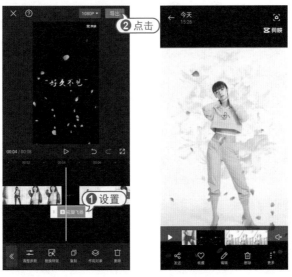

图 7-83   图 7-84

184

第 8 章

片头与片尾——头尾呼应的奥妙

　　无论是短视频还是长视频，如果有合适的片头和片尾加入其中，会给观者留下深刻的印象。有创意、有特色的片头和片尾，不仅吸引人观看，还能起到引流的作用。本章将介绍如何运用模板和其他功能，制作出有不同特色的片头和片尾。

8.1 创意片头：引人注目的开始

有个性的片头能吸引观众继续观看视频，因此创意的片头设计是吸引眼球的第一步。下面提供的一些片头制作案例，可以帮助读者找到更多灵感，制作属于自己的创意片头。

8.1.1 选择自带片头

在剪映中提供了相当多的片头素材，类型丰富，可以给你带来多样选择，用户可根据不同类型选择自己想要的素材。

01 在剪映中导入一个视频素材，在轨道区域里选中素材，点击【定格】按钮，如图 8-1 所示。

02 返回主界面，显示原视频开头前 3 秒自动分割出来形成一段新视频，点击【画中画】按钮，如图 8-2 所示。

扫一扫　看视频

图 8-1　　　　　　　　　　图 8-2

03 点击【新增画中画】按钮，如图 8-3 所示。

04 选择【素材库】选项卡，在【片头】选项区内选中一款片头素材，点击【添加】按钮，如图 8-4 所示。

图 8-3　　　　　　　　　　图 8-4

05 在预览区域中调整片头素材的大小，然后点击【混合模式】按钮，如图 8-5 所示。

06 选中【滤色】选项，点击✓按钮确认，如图 8-6 所示。

图 8-5　　　　　　　　　　图 8-6

07 将第 1 段视频时长调整为 1.5 秒，如图 8-7 所示。

08 返回主界面，点击【音频】按钮，如图 8-8 所示。

图 8-7

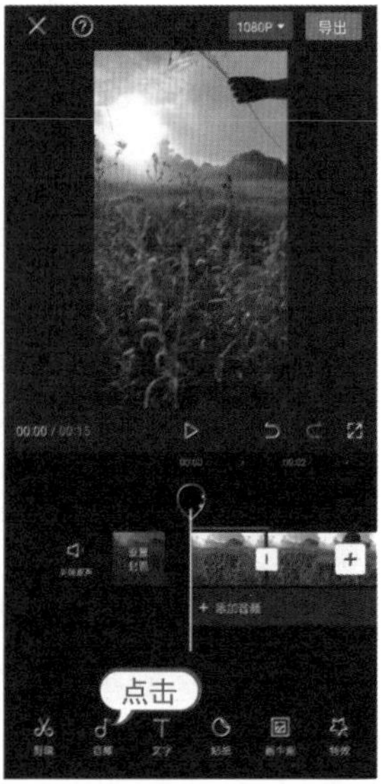

图 8-8

09 点击【音效】按钮，如图 8-9 所示。

10 选中【机械】|【打字声 3】音效，点击【使用】按钮，如图 8-10 所示。

图 8-9

图 8-10

11 调整音效时长和第 1 段视频一致，也为 1.5 秒，如图 8-11 所示。

12 为第 2 段视频添加音乐库中的音乐，并调整音乐时长与视频一致，如图 8-12 所示。

图 8-11　　　　　　　　　　　　图 8-12

13 点击【导出】按钮导出视频，如图 8-13 所示。

14 在手机相册中播放导出的视频，如图 8-14 所示。

图 8-13　　　　　　　　　　　　图 8-14

8.1.2 分割开头文字

在剪映中可以利用蒙版和关键帧等功能制作文字分割效果，片头中的新文字将在分割区域中显现出来，这种片头显得特别高级。

01 在剪映中的素材库中选择【黑幕】素材，点击【添加】按钮，如图 8-15 所示。

02 将该轨道素材时长调整为 8 秒，如图 8-16 所示。

扫一扫 看视频

图 8-15　　　　　　　　图 8-16

03 返回主界面，点击【文字】按钮，如图 8-17 所示。

04 点击【新建文本】按钮，如图 8-18 所示。

图 8-17　　　　　　　　图 8-18

05 选择字体后，输入文字，然后在预览区域中调整文字大小，点击✓按钮确认，如图 8-19 所示。

06 调整文字轨道和黑幕视频的时长一致，点击【导出】按钮导出视频，如图 8-20 所示。

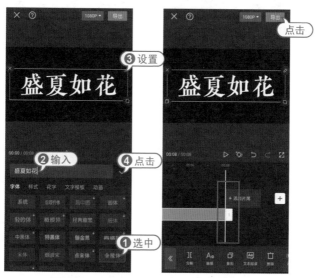

图 8-19　　　　　　　　　　　图 8-20

07 返回初始界面，重新导入一段视频素材，点击【画中画】按钮，如图 8-21 所示。

08 点击【新增画中画】按钮，如图 8-22 所示。

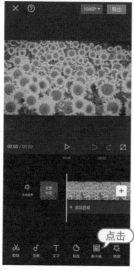
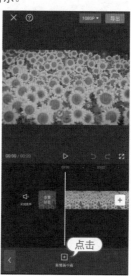

图 8-21　　　　　　　　　　　图 8-22

09 选中导出后的黑幕文字视频素材，点击【添加】按钮，如图 8-23 所示。

10 点击【混合模式】按钮，如图 8-24 所示。

图 8-23

图 8-24

11 选中【滤色】选项，点击✓按钮确认，如图 8-25 所示。

12 点击【蒙版】按钮，如图 8-26 所示。

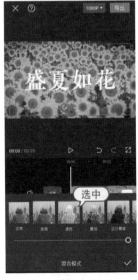

图 8-25

图 8-26

13 选中【镜面】选项，调整蒙版的位置和大小，点击【反转】按钮，然后点击☑ 按钮确认，如图 8-27 所示。

14 返回主界面，点击【文字】按钮，如图 8-28 所示。

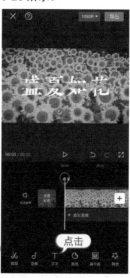

图 8-27

图 8-28

15 点击【新建文本】按钮，如图 8-29 所示。

16 选择字体后输入文字，并设置文本框的大小和位置，如图 8-30 所示。

图 8-29

图 8-30

17 切换至【动画】选项卡，选择【打字机Ⅱ】入场动画，设置动画时长为2秒，然后点击✅按钮确认，如图8-31所示。

18 返回主界面，选择画中画的文字轨道，拖曳时间轴至2秒的位置，点击◇按钮添加关键帧，如图8-32所示。

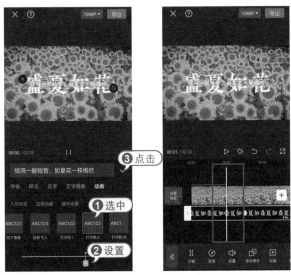

图8-31　　　　　　　　图8-32

19 拖曳时间轴至开头，点击【蒙版】按钮，如图8-33所示。

20 放大镜面蒙版的区域，点击✅按钮确认，如图8-34所示。

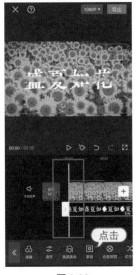
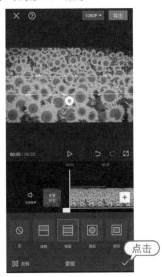

图8-33　　　　　　　　图8-34

21 将黑幕文字素材轨道的时间轴移至 2 秒，然后在关键帧处点击【分割】按钮将视频分为两段，选中第 2 段视频，点击【蒙版】按钮，如图 8-35 所示。

22 选择【无】蒙版效果，点击☑按钮确认，如图 8-36 所示。

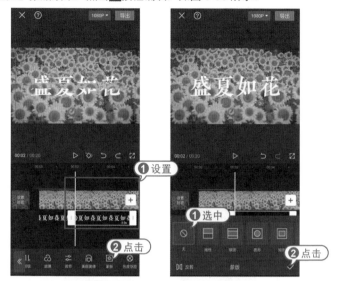

图 8-35　　　　　　　　　　　　　图 8-36

23 返回界面查看效果，点击【导出】按钮导出视频，如图 8-37 所示。

24 在手机相册中播放导出的视频，如图 8-38 所示。

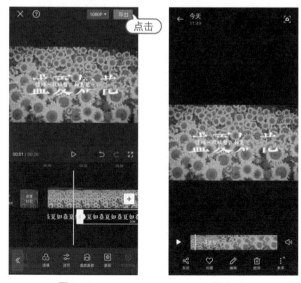

图 8-37　　　　　　　　　　　　　图 8-38

8.1.3 电影开幕片头

在剪映中可以利用画中画和混合动画等功能，制作文字镂空显示画面的效果，这样的文字让人过目难忘，常常用在电影的开幕镜头上。

01 在剪映中的素材库中依次选择【白幕】和【黑幕】素材，点击【添加】按钮，如图 8-39 所示。

02 选中黑幕素材，点击【复制】按钮，如图 8-40 所示。

扫一扫　看视频

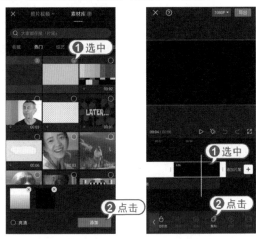

图 8-39　　　　　　　　　　图 8-40

03 点击【画中画】按钮，如图 8-41 所示。

04 选中第 1 段黑幕素材，点击【切画中画】按钮，如图 8-42 所示。

图 8-41　　　　　　　　　　图 8-42

05 重复上一步操作，拖曳两段画中画轨道的位置，与白幕视频对齐，如图 8-43 所示。

06 调整所有轨道时长为 15 秒，如图 8-44 所示。

图 8-43　　　　　　　　　　图 8-44

07 拖曳时间轴至 6 秒的位置，点击◇按钮为两段画中画轨道添加关键帧，如图 8-45 所示。

08 调整两段黑幕素材的画面，露出部分白幕素材，如图 8-46 所示。

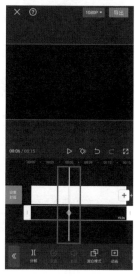

图 8-45　　　　　　　　　　图 8-46

09 拖曳时间轴至起始位置，调整第 1 段黑幕素材的画面，露出所有白幕素材，如图 8-47 所示。

10 调整第 2 段黑幕素材的画面，露出所有白幕素材，如图 8-48 所示。

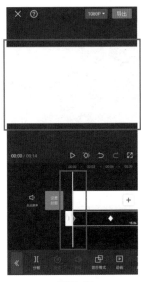

图 8-47   图 8-48

11 返回主界面，拖曳时间轴至 6 秒位置，点击【文字】按钮，如图 8-49 所示。

12 点击【新建文本】按钮，如图 8-50 所示。

图 8-49   图 8-50

13 选择字体，输入文字，设置文本框的位置和大小，点击☑按钮确认，如图 8-51 所示。

14 调整文字轨道时长末尾和视频末尾对齐，如图 8-52 所示。

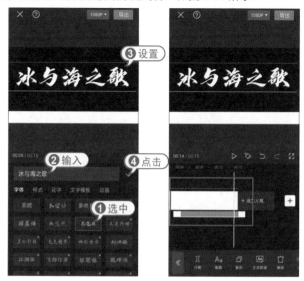

图 8-51   图 8-52

15 设置文字动画为【渐显】入场动画，设置时长为最大，点击【导出】按钮导出视频，如图 8-53 所示。

16 在剪映中重新导入一段视频素材，点击【画中画】按钮，如图 8-54 所示。

图 8-53   图 8-54

17 点击【新增画中画】按钮，如图 8-55 所示。

18 添加前面导出的视频并调整画面大小，点击【混合模式】按钮，如图 8-56 所示。

图 8-55　　　　　　　　　图 8-56

19 选择【正片叠底】选项，点击✓按钮确认，点击【导出】按钮，如图 8-57 所示。

20 在手机相册中播放导出的视频，如图 8-58 所示。

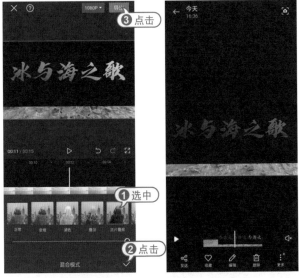

图 8-57　　　　　　　　　图 8-58

8.2 特色片尾：回味无穷的结束

制作出让观众印象深刻的片尾，可以让短视频从头至尾都给观众回味无穷的感受，加深对视频创作者的记忆，起到引流的作用。

8.2.1 添加片尾模板

一般剪映剪辑视频的轨道末尾就有【添加片尾】按钮，点击该按钮可自动添加剪映自带的有"剪映抖音"标签文字的片尾，如图8-59和图8-60所示。

扫一扫 看视频

图 8-59

图 8-60

剪映的素材库中提供了不少片尾的视频素材，读者可以根据自己的需求选取并使用。首先在视频末尾处点击 + 按钮添加素材，选中素材库【片尾】栏中的一个选项，然后点击【添加】按钮，如图8-61所示。此时已添加该片尾视频素材，如图8-62所示。

图 8-61

图 8-62

在剪映中【剪同款】功能也提供片尾模板，只需一张照片，即可套用模板制作专属于自己的片尾头像视频。

01 在剪映初始界面中点击【剪同款】按钮，如图 8-63 所示。

02 在搜索框中输入"片尾"进行搜索，如图 8-64 所示。

图 8-63　　　　　　　　　　图 8-64

03 选中一款片尾模板，如图 8-65 所示。

04 点击【剪同款】按钮，如图 8-66 所示。

图 8-65　　　　　　　　　　图 8-66

05 在【照片视频】库中选择一张照片，点击【下一步】按钮，如图 8-67 所示。

06 在【视频编辑】选项卡下点击第 2 个区域中的【点击编辑】【裁剪】按钮，如图 8-68 所示。

图 8-67

图 8-68

07 拖动选择视频显示区域，然后点击【确认】按钮，如图 8-69 所示。

08 点击【导出】按钮，如图 8-70 所示。

图 8-69

图 8-70

09 点击【无水印保存并分享】按钮导出视频，如图 8-71 所示。

10 打开手机相册播放导出的视频，如图 8-72 所示。

图 8-71　　　　　　　图 8-72

8.2.2　电影谢幕片尾

在剪映中可以利用关键帧功能制作电影谢幕片尾效果，这是在长视频或短剧中经常用到的片尾形式。

01 在剪映中导入一段视频素材，选中视频后点击◇按钮添加关键帧，如图 8-73 所示。

02 拖动时间轴至 1 秒处，添加关键帧，然后调整视频的画面大小和位置，如图 8-74 所示。

扫一扫　看视频

图 8-73　　　　　　　图 8-74

03 返回主界面，点击【文字】按钮，如图 8-75 所示。

04 点击【新建文本】按钮，如图 8-76 所示。

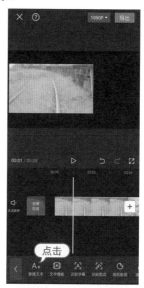

图 8-75   图 8-76

05 选择字体后输入文本，点击✓按钮确认，如图 8-77 所示。

06 在文字轨道起始点创建关键帧，调整文本框的大小和位置，如图 8-78 所示。

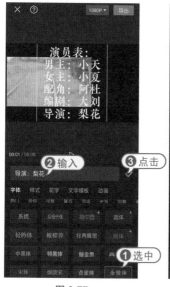

图 8-77   图 8-78

07 调整文字轨道末尾和视频一致，添加关键帧，并调整文本框的位置，如图 8-79
所示。

08 返回主界面，点击【特效】按钮，添加【录制边框 II】特效，如图 8-80 所示。

图 8-79

图 8-80

09 添加合适的背景音乐，然后点击【导出】按钮导出视频，如图 8-81 所示。

10 打开手机相册播放导出的视频，如图 8-82 所示。

图 8-81

图 8-82

第 9 章

剪映专业版——掌握电脑版剪映

　　手机版剪映虽然易上手，并且功能强大，但由于手机的性能所限，剪辑较长视频会出现卡顿或误操作现象。因此抖音官方适时推出了剪映专业版，即为电脑上使用的剪映版本。由于电脑版剪映是根据手机版剪映演化而来，因此只要学会了手机版剪映的使用方法，很容易上手电脑版剪映。

9.1 各有优势：手机版剪映与专业版剪映的异同

由于剪映专业版是从手机版剪映转换而来的，版本功能要慢于手机版的更新。不过随着抖音对电脑版本的看重，剪映专业版将以更丰富的功能与手机版互相辉映，各有所长。

9.1.1 手机版剪映和剪映专业版的优势

手机版剪映和剪映专业版各有优势，主要体现在以下几点。

🔵 **手机版剪映功能更多**：目前剪映专业版仍在不断完善中，所以它的功能比手机版剪映要少很多。比如手机版剪映中的【关键帧】【色度抠图】【智能抠像】等功能在剪映专业版中均还没有实现。也正因为手机版剪映的功能更多，所以用手机版剪映可以制作的效果，用专业版剪映未必做得出来。

🔵 **手机版剪映的菜单更复杂**：由于手机的屏幕与电脑显示器相比要小很多，因此在 UI(界面设计) 设计上，手机版剪映的很多功能都会"藏得比较深"，导致菜单、选项等相对复杂。而剪映专业版是在显示器上显示的，所以空间大很多。手机版剪映部分需要在不同界面中操作的功能，在专业版剪映中的一个界面下就能完成。比如为视频片段添加【动画】【文字】【特效】等操作，在剪映专业版中进行操作会更加便捷，如图 9-1 所示，用户可以细致地设置【动画】等选项。

图 9-1

🔵 **剪映专业版强大的性能**：由于手机的性能依然无法与电脑相比，因此在处理一些时间较长、尺寸较大的视频时，往往会出现卡顿的情况。而在预览效果时出现的卡顿会导致剪辑人员根本无法判断效果是否符合预期，也就无法继续剪辑下去。但性能良好的电脑则可以解决该问题，依托强大的电脑硬件，使用剪映专业版可以获得更高的处理效率和更顺畅的剪辑体验。

9.1.2 剪映专业版的界面

因为剪映专业版是由手机版移植到电脑上，整体操作的底层逻辑是一致的，所以在掌握手机版剪映的情况下，只需了解剪映专业版的界面，知道各个功能、选项所处的位置，也就基本掌握了其使用方法，专业版剪映的界面如图9-2所示。

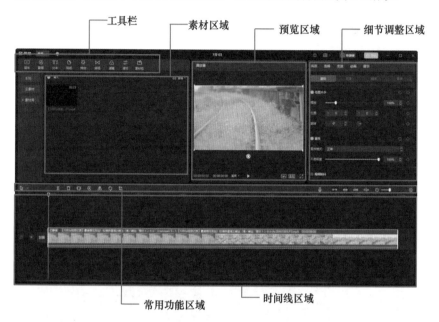

图 9-2

工具栏：该区域中包含【媒体】【音频】【文本】【贴纸】【特效】【转场】【滤镜】【调节】【素材包】共9个选项卡。选择【媒体】选项卡后，可以选择从【本地】或者【素材库】中导入素材至【素材区域】中，如图9-3所示。【素材包】是手机版没有的选项，可以从中选择一些流行的短视频素材，如图9-4所示。

图 9-3

图 9-4

🔵 素材区域：无论是从本地导入的素材，还是选择了工具栏中的【贴纸】【特效】【转场】等工具，其可用素材和效果均会在素材区域中显示。

🔵 预览区域：在后期过程中，可随时在预览区域中查看效果。单击预览区域右下角的▣按钮可进行全屏预览，单击右下角的【适应】按钮，可以调整画面比例，如图 9-5 所示。单击右下角的▣按钮，可以查看视频色谱，如图 9-6 所示。

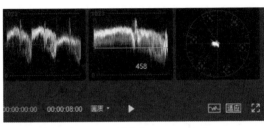

图 9-5　　　　　　　　　　　　　　　图 9-6

🔵 细节调整区域：当选中时间线区域中的某一轨道后，在细节调整区域中即会出现可针对该轨道进行的细节设置。图 9-7 和图 9-8 所示分别为选中视频轨道和文字轨道时所显示的细节调整区域中的选项。

图 9-7　　　　　　　　　　　　　　　图 9-8

🔵 常用功能区域：在其中可以快速单击各功能按钮，对视频轨道进行【分割】【删除】【定格】【倒放】【镜像】【旋转】【裁减】等操作。

🔵 时间线区域：该区域中包含 3 个元素，分别为【轨道】【时间轴】【时间刻度】。由于剪映专业版界面较大，因此不同的轨道可以同时显示在时间线中，如图 9-9 所示。相比手机版剪映，剪映专业版可以提高后期处理效率。

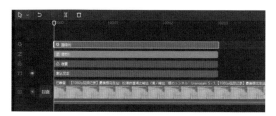

图9-9

提示:

　　在使用手机版剪映时,图片和视频会统一在【手机相册】中显示。但对于专业版剪映而言,电脑中并没有一个固定的存储所有图片和视频的文件夹。所以,专业版剪映才会出现单独的【素材区域】,相当于【手机相册】。因此,使用剪映专业版进行后期处理的第一步,就是将准备好的一系列素材全部添加到剪映的【素材区域】中。在后期过程中,需要哪个素材,可直接将其从【素材区域】拖动到【时间线区域】即可。

9.2　类似手机版功能:剪映专业版重要功能

　　剪映专业版的操作方法与手机版剪映具有一定的区别。本节将介绍剪映专业版与手机版部分功能使用方法的不同之处。

9.2.1　剪映专业版的画中画

　　在剪映手机版中,如果想在时间线中添加多个视频轨道,需要利用【画中画】功能导入素材。但在剪映专业版中,却找不到【画中画】这个选项,这是由于剪映专业版的处理界面更大,因此各轨道均可以完整显示在时间线中,因此,无须使用所谓的【画中画】功能,直接将一段视频素材拖动到主视频轨道的上方,即可实现多轨道及手机版剪映【画中画】功能的效果,如图9-10所示。

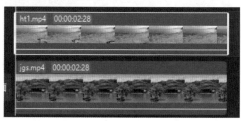

图9-10

主轨道上方的任意视频轨道均可随时再拖动回主轨道，如图 9-11 所示。所以在剪映专业版中，也不存在【切画中画】和【切主轨】这两个选项。

图 9-11

9.2.2 通过【层级】确定视频轨道的覆盖关系

将视频素材移到主轨道上时，该视频素材的画面就会覆盖主轨道的画面。这是因为在剪映中，主轨道的【层级】默认为 0，而主轨道上方第一层的视频轨道默认为 1。层级大的视频轨道会覆盖层级小的视频轨道。并且主轨道的层级不能更改，但其他轨道的层级可以更改。比如主轨道上的第 1 个视频轨道层级为 1，在细节调整区域中查看轨道层级，如图 9-12 所示。

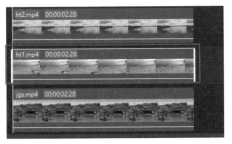

图 9-12

在层级为 1 的视频轨道上方再添加一个视频轨道时，该轨道的层级默认为 2，如图 9-13 所示。

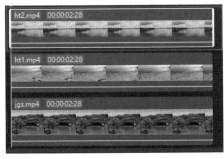

图 9-13

选中层级为 2 的轨道，将其层级选择为 1，如图 9-14 所示。此时其下方的轨道层级就会自动由 1 变为 2，如图 9-15 所示。此时将呈现出位于中间的视频轨道画面覆盖另外两条轨道画面的情况。

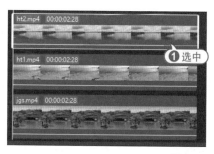

图 9-14

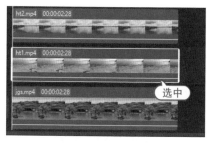

图 9-15

因此，当覆盖关系与轨道的顺序不符时，就可以通过设置轨道的【层级】，使其符合上方轨道覆盖下方轨道的逻辑关系，这样可以让剪辑更加直观。

9.2.3 剪映专业版的蒙版

在时间线中添加多条视频轨道后，画面之间出现了覆盖，此时可以使用【蒙版】功能来控制画面局部区域的显示。剪映专业版的【蒙版】功能在细节调整区域中的【画面】选项卡下可以找到，如图 9-16 所示。

扫一扫 看视频

图 9-16

01 启动剪映专业版，单击【开始创作】按钮，如图 9-17 所示。

02 打开剪映主界面，在素材区域中单击【导入】按钮，如图 9-18 所示。

图 9-17   图 9-18

03 选中两个视频素材，单击【打开】按钮，如图 9-19 所示。

04 此时在素材区域中添加了两个素材，如图 9-20 所示。

图 9-19   图 9-20

05 将两个视频拖入时间线区域，注意先拖入较长的视频作为主轨道，如图 9-21 所示。

06 选中较短的视频素材，然后在细节调整区域选择【画面】|【蒙版】选项卡，选择【线性】蒙版，此时预览区域显示添加蒙版后的效果，如图 9-22 所示。

图 9-21   图 9-22

07 拖动◎按钮可以调整蒙版的角度，如图9-23所示。

08 拖动⧉按钮可以调整两个画面分界线处的羽化程度，形成过渡效果，如图9-24所示。

图 9-23

图 9-24

09 按住分界线拖动，可以调整蒙版的位置，如图9-25所示。

10 在时间线区域中拖曳视频末端，使两段视频时长一致，如图9-26所示。

图 9-25

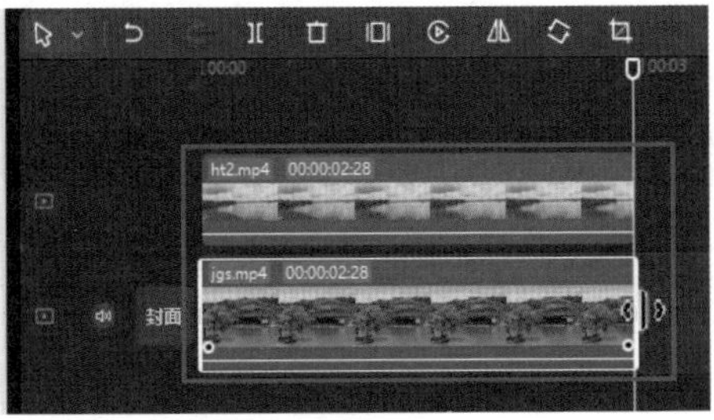

图 9-26

11 单击界面右上角的【导出】按钮，打开【导出】对话框，可以设置视频导出的分辨率、编码、格式等参数，单击【导出至】右侧的🗀按钮，如图9-27所示。

12 打开【请选择导出路径】对话框，从中选择要导出视频文件所处的文件夹，单击【选择文件夹】按钮，如图9-28所示。

| 图 9-27 | 图 9-28 |

13 设置完毕后,在【导出】对话框中单击【导出】按钮即可导出视频至选定文件夹中。

9.2.4 剪映专业版的转场

剪映专业版与剪映手机版相比,一个很大的区别在于,剪映手机版的同一轨道中视频素材间的间隔图标┃在剪映专业版中消失了。在剪映专业版中添加转场效果的具体操作方法如下。

01 在剪映中导入两段视频素材,并依次拖入同一条轨道中,如图 9-29 所示。

扫一扫　看视频

02 拖动时间轴至两段视频交接处,单击【转场】按钮,选择其中的转场动画选项,如【左移】,单击右下角的 按钮,如图 9-30 所示。

| 图 9-29 | 图 9-30 |

03 此时即可在距离时间轴最近的片段衔接处添加转场,选中转场效果,拖动左右两边的"白框",即可调整转场时长,如图 9-31 所示。

04 用户也可以选中转场效果后,在细节调整区域中调整滑块或输入时间,设定转场时长,如图 9-32 所示。

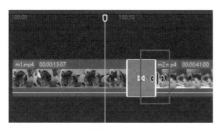

图 9-31

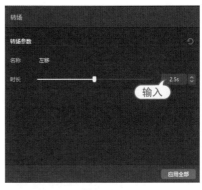

图 9-32

05 在预览区域中播放视频，查看转场效果，如图 9-33 所示。

06 单击【导出】按钮导出添加了转场效果的视频。

图 9-33

9.2.5 剪映专业版的特效

手机版剪映的特效添加不需要选中视频素材，可直接点击【特效】按钮，并有【画面特效】和【人物特效】两大类。而剪映专业版的特效则相对简单，不管选中还是未选中视频素材，都可以在工具栏中单击【特效】按钮，添加多种类型的特效。

扫一扫 看视频

01 在剪映中导入一段视频素材，然后单击【特效】按钮，如图 9-34 所示。

02 在【特效】选项卡下，选中【边框】|【车窗】特效，然后单击图标中的 按钮，如图 9-35 所示。

03 继续选中【爱心】|【破冰】特效，然后单击图标中的 按钮，如图 9-36 所示。

04 此时添加了两条特效轨道，将【车窗】轨道时长拖长至与视频一致，如图 9-37 所示。

图 9-34

图 9-35

图 9-36

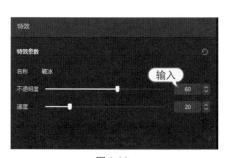

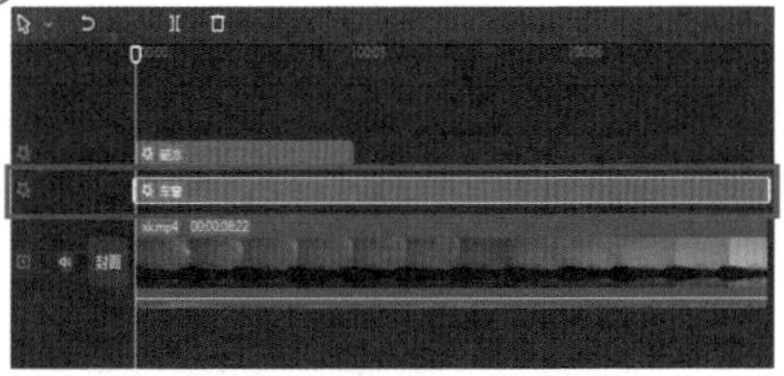

图 9-37

05 选中【破冰】特效轨道，在细节调整区域中调整特效参数，如图 9-38 所示。

06 在预览区域中播放视频效果，如图 9-39 所示，单击【导出】按钮导出视频。

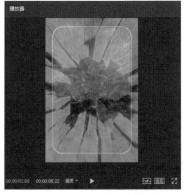

图 9-38

图 9-39

9.3 剪映案例应用：制作音乐转场卡点视频

本节将使用剪映专业版制作一个包含音乐、卡点、转场效果的视频，使读者更加全面地体会和熟悉剪映专业版的功能和选项的设置。

扫一扫 看视频

1. 导入素材和音乐

首先将制作音乐卡点视频所需的素材导入剪映专业版界面，并添加音乐的节拍点。

01 在剪映中导入 8 张图片素材，如图 9-40 所示。

02 通过拖曳或者单击素材右下角的 ⊕ 按钮，将素材添加至视频轨道中，如图 9-41 所示。

图 9-40

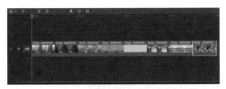

图 9-41

03 单击工具栏中的【音频】按钮，选择【音乐素材】|【卡点】选项卡中的一首音乐。将鼠标悬停在该音乐图标上，单击右下角的 ⊕ 按钮，即可将其添加到音频轨道，如图 9-42 所示。

04 将时间轴移至视频轨道开头处，单击工具栏中的【媒体】按钮，在【素材库】|【片头】选项卡中选择添加一个片头视频，如图 9-43 所示。

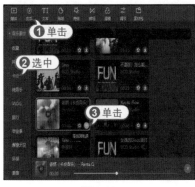

图 9-42

图 9-43

05 选中音频轨道，单击【自动踩点】按钮，并选择【踩节拍Ⅱ】选项，此时在音频轨道上会自动出现黄色节拍点，如图 9-44 所示。

06 选中片头素材，拖动右侧白框，使其对齐第 4 个节拍点，如图 9-45 所示。

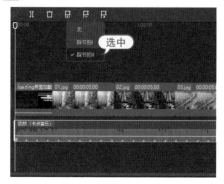

图 9-44

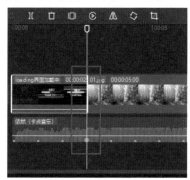

图 9-45

07 选中第一张图片素材，使其结尾对齐第 7 个节拍点，形成 4 个节拍点间一张照片的效果，如图 9-46 所示。

08 然后按照第一张图片的处理方法，将之后的所有照片均与对应的节拍点对齐，如图 9-47 所示。

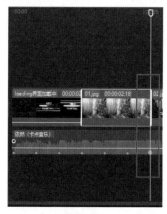

图 9-46

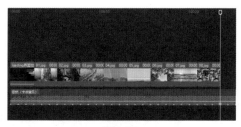

图 9-47

2. 添加转场效果

在每两个画面之间添加转场效果，可以让图片的转换不再单调，营造出一定的视觉冲击力。

01 将时间轴移到希望添加转场的位置（片头和第 1 张图片交界处），如图 9-48 所示。

02 单击【转场】按钮，选择【转场效果】|【运镜转场】|【推近】效果，如图 9-49 所示。

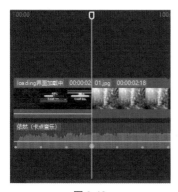

图 9-48   图 9-49

03 此时在时间线区域的视频之间添加转场效果标识，用户可以拖动边框延长或缩短效果时长，此处默认为 0.5 秒，如图 9-50 所示。

04 使用同样的方法在每两张图片之间均添加转场效果，建议从【运镜转场】选项卡中进行选择，并且尽量不要重复，然后调整音乐和视频轨道时长一致。添加完转场后的视频轨道如图 9-51 所示。

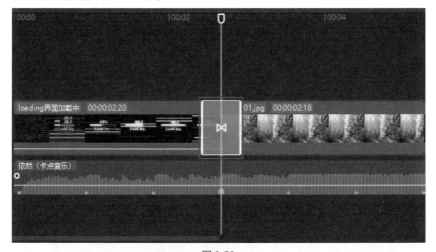

图 9-50

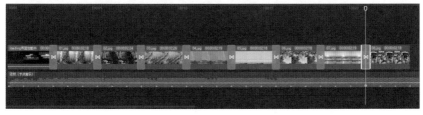

图 9-51

提示：

　　加入转场后，节拍点往往位于转场的"中间"，这会使视频的节拍点"踩得不够准"。所以需要调节每一段视频素材的长度，使转场效果的"边缘"刚好与节拍点对齐，如图 9-52 所示。

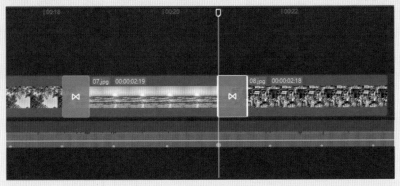

图 9-52

3. 添加酷炫特效

接下来通过【特效】为该音乐卡点视频进行润色，使其视觉效果更加酷炫。

01 单击工具栏中的【特效】按钮，选择【特效效果】|【自然】|【晴天光线】效果，单击➕按钮，如图 9-53 所示。

02 此时添加了特效轨道，将【晴天光线】特效时长覆盖至大概前两张图片时长，如图 9-54 所示。

图 9-53

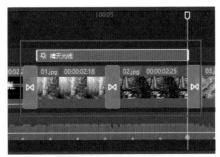

图 9-54

03 继续单击【特效】按钮，选择【特效效果】|【基础】|【镜头变焦】效果，单击➕按钮，如图 9-55 所示。

04 将【镜头变焦】特效时长覆盖至前两张图片时长，此时该视频片段覆盖了两层特效，如图 9-56 所示。

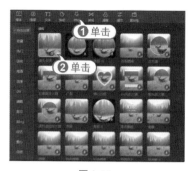

图 9-55

图 9-56

05 继续单击【特效】按钮，选择【特效效果】|【基础】|【渐显开幕】效果，单击➕按钮，如图 9-57 所示。

06 将【渐显开幕】特效时长覆盖至大概第 3、4 张图片时长，如图 9-58 所示。

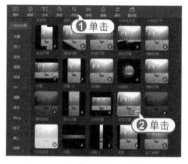

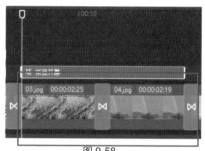

图 9-57

图 9-58

07 继续单击【特效】按钮，选择【特效效果】|【复古】|【胶片抖动】效果，单击➕按钮，如图 9-59 所示。

08 将【胶片抖动】特效时长覆盖至大概第 5、6 张图片时长，如图 9-60 所示。

图 9-59

图 9-60

09 继续单击【特效】按钮，选择【特效效果】|【动感】|【脉搏跳动】效果，单击➕按钮，如图 9-61 所示。

10 将【脉搏跳动】特效时长覆盖至大概第 7、8 张图片时长，如图 9-62 所示。

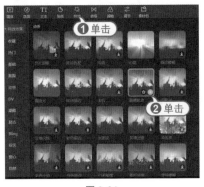

图 9-61

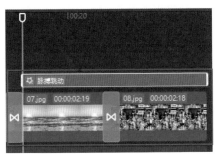

图 9-62

11 继续单击【特效】按钮，选择【特效效果】|【氛围】|【夏日泡泡 I】效果，单击➕按钮，如图 9-63 所示。

12 将【夏日泡泡 I】特效时长覆盖至大概第 7、8 张图片时长，此时该视频片段覆盖了两层特效，如图 9-64 所示。

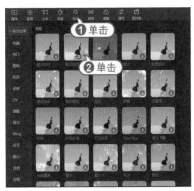

图 9-63

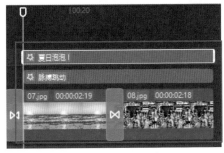

图 9-64

13 在视频轨道中选中第 3 张图片片段，如图 9-65 所示。

14 在界面右侧的细节调整区域中，选择【动画】选项卡，选择【入场】|【放大】动画，然后设置【动画时长】为 2 秒，如图 9-66 所示。

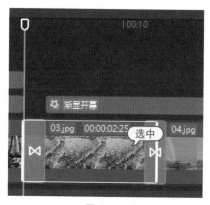

图 9-65

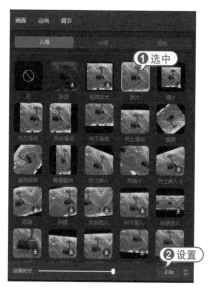

图 9-66

15 此时在预览区域中播放该视频片段，查看【放大】的动画效果，如图 9-67 所示。

16 在视频轨道中选中第 8 张图片片段，在细节调整区域中选择【动画】选项卡，选择【出场】|【向上转出】动画，然后设置【动画时长】为 2 秒，如图 9-68 所示。

图 9-67

图 9-68

17 此时在预览区域中播放该视频片段，查看【向上转出】的动画效果，如图 9-69 所示。

18 单击【导出】按钮，打开【导出】对话框设置导出选项并导出视频，如图 9-70 所示。最后设置完毕的整体轨道布局如图 9-71 所示。

图 9-69

图 9-70

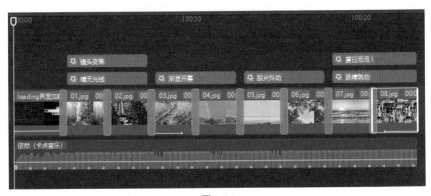

图 9-71

第 10 章

综合案例——短视频剪辑实操

前面几章介绍了剪映 App 里的剪辑技巧、调色技巧、特效应用、添加字幕、音频卡点、爆款模板、创意片头片尾等内容。本章将介绍一些综合案例，涉及前面相关知识点，都是最近抖音比较流行的视频剪辑，希望可以帮助读者做出适合自己的爆款短视频。

10.1　制作分屏短视频

在短视频时代，竖屏视频比横屏视频更符合人们的观看习惯，对于一些经常拍摄横屏素材的创作者来说，将横屏转换为竖屏后，不仅会出现难看的黑边，还不能全面地展现画面的特效和内容。针对这种情况，可以尝试将素材进行分屏处理。这种视频形式不仅能摆脱难看的黑边，还能给观众营造出震撼的视觉效果。

扫一扫　看视频

01 打开剪映，添加一个横屏的视频素材，点击【比例】按钮，如图 10-1 所示。

02 在比例选项栏中选中【9:16】选项，如图 10-2 所示。

图 10-1

图 10-2

03 选中视频素材，在预览区域中通过双指开合将素材画面放大，如图 10-3 所示。

04 返回上一界面，不选中素材，点击【滤镜】按钮，如图 10-4 所示。

图 10-3　　　　　　　　　　　图 10-4

05 选择【人像】|【净透】滤镜，调整数值为80，点击☑按钮确认，如图10-5所示。

06 拖动滤镜素材尾部白框，调整其长度和视频时长一致，如图10-6所示。

图 10-5

图 10-6

07 返回至主界面，不选中素材，点击【特效】按钮，如图10-7所示。

08 点击【画面特效】按钮，如图10-8所示。

图 10-7

图 10-8

09 选择【分屏】|【两屏分割】选项，点击【调整参数】文字，如图 10-9 所示。

10 设置分屏参数，然后点击✔按钮确认，如图 10-10 所示。

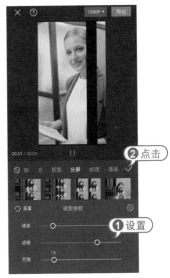

图 10-9　　　　　　　　　　图 10-10

11 将【两屏分割】特效素材调整至和视频时长一致，点击【导出】按钮导出视频，如图 10-11 所示。

12 在手机相册中播放并查看视频效果，如图 10-12 所示。

图 10-11　　　　　　　　　　图 10-12

10.2　制作九宫格相册

　　本案例主要通过蒙版及画中画等功能，实现一张照片在九宫格中配合音乐节拍依次出现的效果。

扫一扫　看视频

1. 制作九宫格音乐卡点和局部闪现

　　首先需要实现照片在九宫格中依次闪现的效果，具体操作步骤如下。

01 打开剪映，导入一张比例为 1:1 的人物照片，以及一张九宫格图片，将人物图片安排在九宫格前，然后点击【比例】按钮，如图 10-13 所示。

02 在比例选项栏中选中【9:16】选项，如图 10-14 所示。

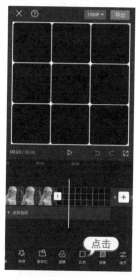

图 10-13　　　　　　　　　　　　图 10-14

03 返回主界面，点击【画中画】按钮，如图 10-15 所示。

04 点击【新增画中画】按钮，如图 10-16 所示。

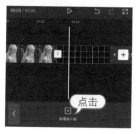

图 10-15　　　　　　　　　　　　图 10-16

05 导入第二张图片素材，并通过双指开合调整其大小，使其刚好覆盖九宫格，并且周围还留有九宫格的白边，然后点击【蒙版】按钮，如图 10-17 所示。

06 选择【矩形】蒙版，调整蒙版的大小和位置，使画面中出现左上角格子内的画面。蒙版的"圆角"可以通过拖动左上角的⊙图标实现，点击✓按钮确认，如图 10-18 所示。

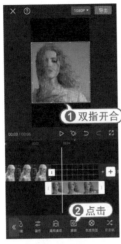

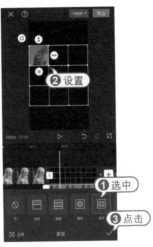

图 10-17　　　　　　　　　　图 10-18

07 选中刚处理的画中画素材，点击【复制】按钮，复制出同样的素材，如图 10-19 所示。

08 选中主视频轨道中的九宫格素材，向右拖动末尾白框，使其覆盖画中画图层，如图 10-20 所示。

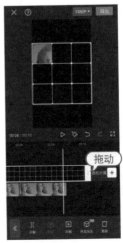

图 10-19　　　　　　　　　　图 10-20

09 选中复制的画中画素材，点击【蒙版】按钮，如图 10-21 所示。

10 将左上角格子画面拖动到其右侧格子中即可，这样就实现了左侧格子画面消失，另一个格子画面出现的"闪现"效果，点击✓按钮确认，如图 10-22 所示。

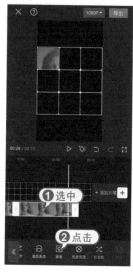

图 10-21

图 10-22

11 接下来只需重复以上操作：复制画中画，点击【蒙版】按钮，拖动蒙版到下一个需要显示画面的格子，直到 9 个格子都出现过画面为止，如图 10-23 所示。

12 该视频中九宫格出现画面的顺序如图 10-24 所示。

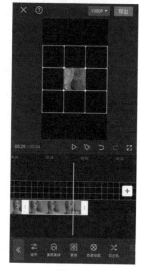

图 10-23

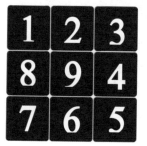

图 10-24

13 返回主界面，点击【音频】按钮，如图 10-25 所示。
14 点击【音乐】按钮，如图 10-26 所示。

图 10-25

图 10-26

15 点击【卡点】图标，如图 10-27 所示。
16 选中一首歌曲，点击【使用】按钮，如图 10-28 所示。

图 10-27

图 10-28

17 选中音乐素材，点击【踩点】按钮，如图 10-29 所示。

18 打开【自动踩点】开关，选中【踩节拍 I】选项，然后根据九宫格的局部显示手动添加或删除节拍点，点击✓按钮确认，如图 10-30 所示。

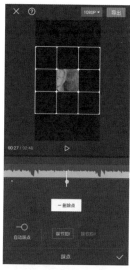

图 10-29 图 10-30

19 查看节拍点和每个局部格显示时机是否相符，如图 10-31 所示。

20 返回主界面，根据音乐节拍点，将每一段画中画片段与节拍点对齐，从而实现"音乐闪现卡点"效果，如图 10-32 所示。

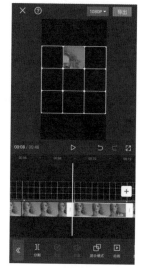

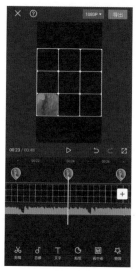

图 10-31 图 10-32

2. 制作照片局部在九宫格内增加效果

这部分所要实现的效果：第1部分中最后显示的格子画面不再消失，并且跟随音乐节奏，其他格子的画面依次出现，最终在九宫格中拼成一张完整的照片，具体操作步骤如下。

01 选中已经制作好的最后一个画中画片段，点击【复制】按钮，如图10-33所示。

02 将复制后的片段与下一个节拍点对齐，如图10-34所示。

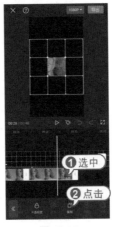

图 10-33   图 10-34

03 将刚刚复制得到的片段再复制一次，然后按住该片段将其拖动到下一个视频轨道上，并与上一轨道中的视频片段对齐，选中该片段，点击【蒙版】按钮，如图10-35所示。

04 将蒙版拖动到右侧的格子上，使右侧格子出现画面，并且中间格子的画面依然存在，如图10-36所示。

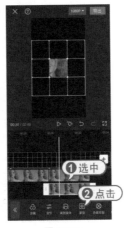
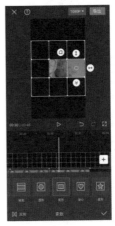

图 10-35   图 10-36

提示：

之所以会出现如图 10-36 所示效果，是因为之前第一次复制的片段保证了中间格子的画面不会消失，第二次复制的片段在调整蒙版位置后，使另一个格子的画面出现。并且，这两个片段在两个视频轨道上是完全对齐的，所以两个格子的画面就会同时出现。

05 将第一层画中画轨道的画面拖动到下一个节拍点处，如图 10-37 所示。
06 将第二层画中画轨道的视频复制一次，并对齐下一个节拍点，如图 10-38 所示。

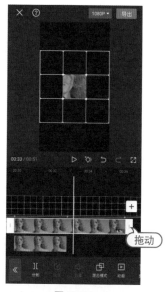
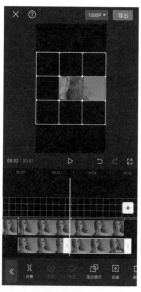

图 10-37　　　　　　　　　　　　　图 10-38

07 将复制得到的片段再复制一次，长按并移到下一层视频轨道中，使其与上一轨道片段对齐，然后点击【蒙版】按钮，如图 10-39 所示。
08 将蒙版调整到下一格子中，如图 10-40 所示。

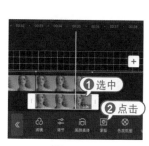
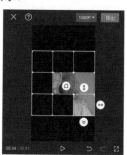

图 10-39　　　　　　　　　　　　　图 10-40

提示：

　　由于剪映中画中画轨道的数量有限制，因此不能使用该方法将9个格子的画面都依次出现。如果想实现9个格子依次出现的效果，可以将已经制作好的6个格子依次出现的视频导出后，再导入剪映，可以继续添加画中画轨道，按照上面的方法，将其余3个格子的画面也依次出现在九宫格中。

09 按照相似的方法，继续让第4~6格子的画面依次出现即可，如图10-41所示。

10 返回主界面，查看各轨道布局效果，如图10-42所示。

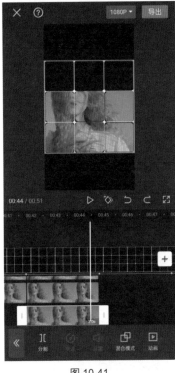

图 10-41

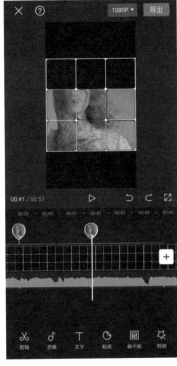

图 10-42

3. 制作完整图片显示在九宫格内的效果

　　这部分所要实现的效果：在下方两排九宫格的画面都显示之后，让整张照片直接完整显示在九宫格内，具体操作步骤如下。

01 选中其中一个轨道的视频片段并点击【复制】按钮，如图10-43所示。

02 选中复制的视频片段，点击【蒙版】按钮，如图10-44所示。

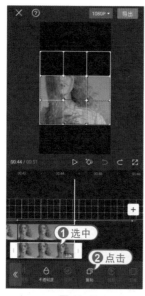

图 10-43

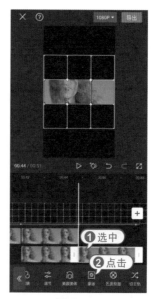

图 10-44

03 放大蒙版的范围，显示整张照片并使其覆盖九宫格，注意四周要留有九宫格的白色边框，如图 10-45 所示。

04 点击【混合模式】按钮，如图 10-46 所示。

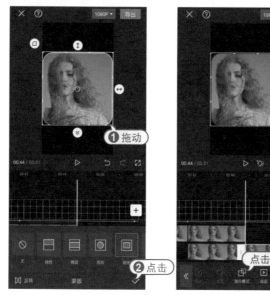

图 10-45

图 10-46

05 将【混合模式】设置为【滤色】，此时九宫格的内部格子就显示出来了，如图 10-47 所示。

06 将该视频片段与下个节拍点对齐，同时将主轨道中的九宫格素材的末尾也与之对齐，如图 10-48 所示。

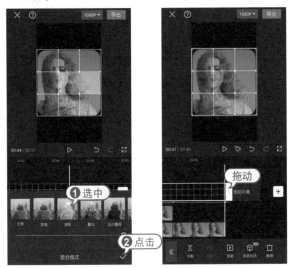

图 10-47   图 10-48

07 选中背景音乐，将其末尾与主轨道素材的末尾对齐，如图 10-49 所示。

08 此时视频内容基本制作完成，轨道如图 10-50 所示。

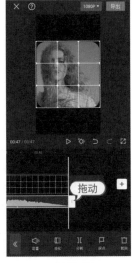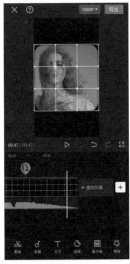

图 10-49   图 10-50

4．添加转场等效果

最后为视频添加合适的转场、动画、特效等，让画面效果更丰富，具体操作步骤如下。

01 在第一张照片素材与九宫格素材之间添加【运镜转场】|【向左】效果，如图 10-51 所示。

02 选中第一张照片素材，点击【动画】按钮，如图 10-52 所示。

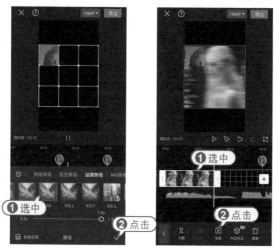

图 10-51   图 10-52

03 点击【入场动画】按钮，如图 10-53 所示。

04 选择【渐显】动画，设置动画时长，如图 10-54 所示。

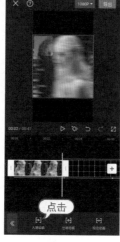

图 10-53   图 10-54

05 在人物图片与九宫格转换节点的节拍点处点击【特效】按钮，如图 10-55 所示。

06 点击【画面特效】按钮，如图 10-56 所示。

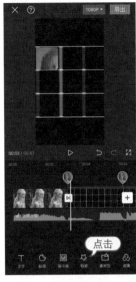

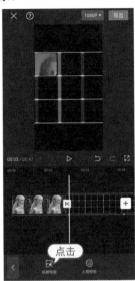

图 10-55　　　　　　　图 10-56

07 选择【动感】|【心跳】特效，设置其速度，如图 10-57 所示。

08 在第 30 秒处的节拍点处添加【光斑飘落】特效，如图 10-58 所示。

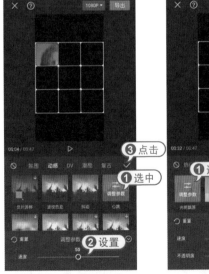

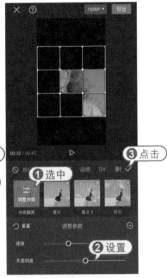

图 10-57　　　　　　　图 10-58

09 将【光斑飘落】特效轨道拉长至显示全部照片的节拍点处，如图 10-59 所示。

10 选中最后一个画中画素材，点击【动画】按钮，如图 10-60 所示。

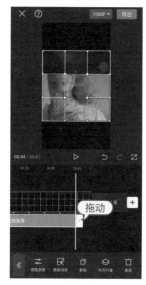

图 10-59

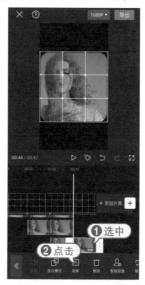

图 10-60

11 点击【出场动画】按钮，如图 10-61 所示。

12 选择并设置【放大】动画，最后导出视频，如图 10-62 所示。

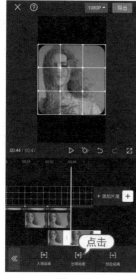

图 10-61

图 10-62

10.3　制作唯美古风 MV

　　使用蒙版和歌词识别的功能可以制作古风歌曲的唯美 MV，适当地添加多种特效让 MV 视频更加赏心悦目，可带给观众视听享受。

1. 添加背景、音乐和图片素材

　　首先可以添加一个白场素材 (剪映自带) 当背景图案，并在歌曲库中寻找合适的古风歌曲当背景音乐。添加图片素材后，对背景音乐进行踩点设置，具体操作步骤如下。

扫一扫　看视频

01 打开剪映，单击【开始创作】按钮进入素材添加界面，选择剪映【素材库】的白场素材，点击【添加】按钮，如图 10-63 所示。

02 选中白场素材，点击【滤镜】按钮，如图 10-64 所示。

图 10-63

图 10-64

03 选择【黑白】|【牛皮纸】滤镜，点击✓按钮确认，如图 10-65 所示。

04 在音乐库中搜索歌曲，单击【使用】按钮，如图 10-66 所示。

05 选择音乐素材，点击【踩点】按钮，如图 10-67 所示。

06 打开【自动踩点】，点击【踩节拍 I】按钮，自动生成 8 个节拍点，如图 10-68 所示。

图 10-65

图 10-66

图 10-67

图 10-68

07 删除第 2、4、6、8 这 4 个节拍点，保留剩下的 4 个，然后在轨道区域中调整白场素材时长和音乐素材时长一致，如图 10-69 所示。

08 将时间轴拉至开头，不选中素材，点击【画中画】按钮，如图 10-70 所示。

图 10-69

图 10-70

09 点击【新增画中画】按钮，如图 10-71 所示。

10 选择一张图片并导入轨道，将图像素材尾部和第 2 个节拍点对齐，如图 10-72 所示。

图 10-71

图 10-72

11 使用上面的方法，依次添加 3 张图片到同一轨道中，并根据节拍点调整素材长度，如图 10-73 所示。

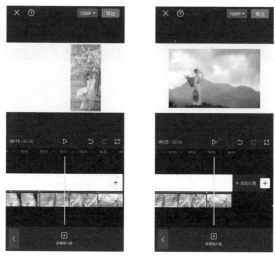

图 10-73

2. 设置蒙版效果

将图片素材转换为蒙版，控制视频中显示照片的范围和效果，具体操作步骤如下。

01 选择第 1 个图片素材，点击【蒙版】按钮，如图 10-74 所示。

02 选择【矩形】蒙版，调整蒙版的位置、大小和边缘羽化，点击✓按钮确认，如图 10-75 所示。

图 10-74

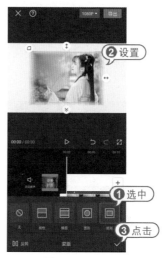

图 10-75

03 选择第 2 个图片素材，点击【蒙版】按钮，选择【圆形】蒙版，调整蒙版的位置、大小和边缘羽化，如图 10-76 所示。

04 在选中第 2 个图片素材的状态下，将图像拉至画面左侧，如图 10-77 所示。

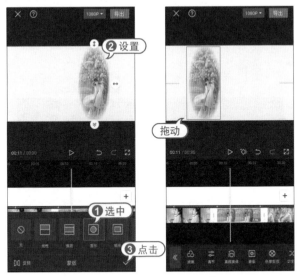

图 10-76   图 10-77

05 选择第 3 个图片素材，点击【蒙版】按钮，选择【圆形】蒙版，调整蒙版的位置、大小和边缘羽化，如图 10-78 所示。

06 在选中第 3 个图片素材的状态下，将图像拉至画面右侧，如图 10-79 所示。

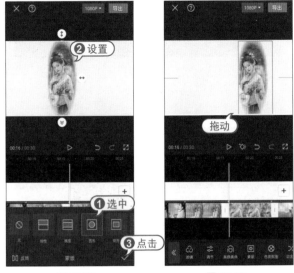

图 10-78   图 10-79

07 选择第 4 个图片素材,点击【蒙版】按钮,选择【矩形】蒙版,调整蒙版的位置、大小和边缘羽化,如图 10-80 所示。

08 在选中第 4 个图片素材的状态下,调整图像位置,如图 10-81 所示。

图 10-80

图 10-81

09 返回初级界面,将时间轴定位于开头,点击【贴纸】按钮,如图 10-82 所示。

10 点击【添加贴纸】按钮,如图 10-83 所示。

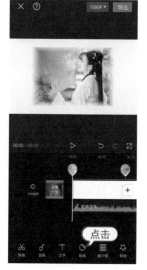

图 10-82

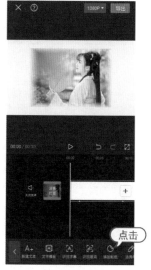

图 10-83

11▶ 选择一款花的贴纸，调整其大小和位置，如图 10-84 所示。

12▶ 返回上一级界面，拖动贴纸素材尾部，调整时长至与第 2 个节拍点对齐，如图 10-85 所示。

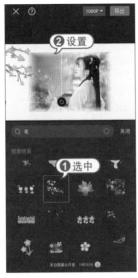

图 10-84   图 10-85

13▶ 将时间轴定位于第 2 个图片素材开头，点击【添加贴纸】按钮，如图 10-86 所示。

14▶ 选择一款蝴蝶的贴纸，调整其大小和位置，如图 10-87 所示。

图 10-86   图 10-87

15 拖动贴纸素材尾部，调整时长至与第 3 个节拍点对齐，如图 10-88 所示。

16 将时间轴定位于第 3 个图片素材开头，点击【添加贴纸】按钮，如图 10-89 所示。

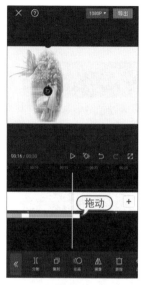

图 10-88

图 10-89

17 使用相同的方法添加贴纸，并调整时长至与第 4 个节拍点对齐，如图 10-90 所示。

18 使用相同的方法添加第 4 个贴纸，并调整时长至与图片素材一致，如图 10-91 所示。

图 10-90

图 10-91

3．添加歌词字幕

使用文本中的【识别歌词】功能，可以识别中文歌曲的歌词，并自动生成字幕，对字幕进行检查、修饰后即可完成制作，具体操作步骤如下。

01 返回初级界面，点击【文字】按钮，如图 10-92 所示。

02 点击【识别歌词】按钮，如图 10-93 所示。

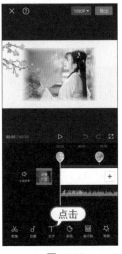

图 10-92　　　　　　　图 10-93

03 在弹出的对话框中点击【开始识别】按钮，如图 10-94 所示。

04 识别完毕后在轨道中生成多段文字素材，并自动匹配相应的时间点，如图 10-95 所示。

图 10-94　　　　　　　图 10-95

05 选择第 1 段文字素材，点击【编辑】按钮，如图 10-96 所示。

06 选择【字体】|【书法】|【毛笔体】字体，如图 10-97 所示。

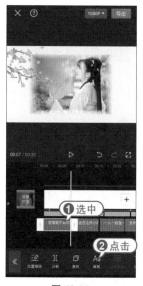

图 10-96　　　　　　　　　　　　图 10-97

07 在【样式】选项里选择一种描边样式，设置【字号】为 7，如图 10-98 所示。

08 设置【样式】|【排列】|【字间距】为 4，如图 10-99 所示。

图 10-98　　　　　　　　　　　　图 10-99

09 选择【动画】|【入场动画】|【卡拉 OK】选项，将动画时长拉至最大，点击 ☑ 按钮确认，如图 10-100 所示。

10 使用相同的方法，为后续的文字素材设置入场动画，如图 10-101 所示。

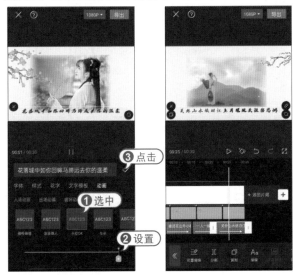

图 10-100　　　　　　　　　图 10-101

11 返回初级界面，将时间轴拉至开头，点击【特效】按钮，如图 10-102 所示。

12 点击【画面特效】按钮，如图 10-103 所示。

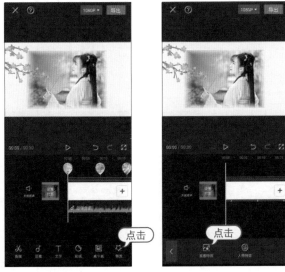

图 10-102　　　　　　　　　图 10-103

13 选择【自然】|【花瓣飞扬】特效，设置其速度和不透明度属性，点击☑按钮确认，如图 10-104 所示。

14 调整该特效素材的时长和视频一致，如图 10-105 所示。

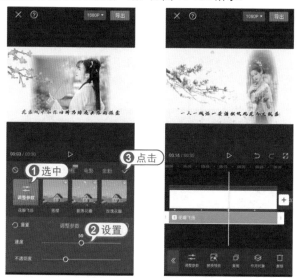

图 10-104   图 10-105

15 完成所有操作后，点击【导出】按钮导出视频，如图 10-106 所示。

16 在手机相册中播放并查看 MV 视频效果，如图 10-107 所示。

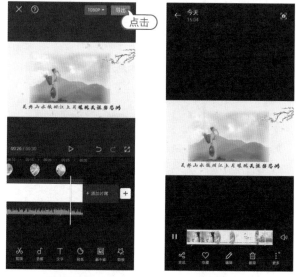

图 10-106   图 10-107

10.4　制作季节更迭视频

使用关键帧和智能抠像功能可以制作出季节变化的视频，在短短几秒内可以让视频中的人物领略不同的季节风景，让人身临其境。

01 打开剪映，导入一个视频素材，选中视频轨道，点击◇按钮添加关键帧，点击【滤镜】按钮，如图 10-108 所示。

02 选择【黑白】|【默片】滤镜，点击✓按钮确认，如图 10-109 所示。

图 10-108

图 10-109

03 拖动时间轴至 2 秒处，添加关键帧，如图 10-110 所示。

04 拖动时间轴至 4 秒处，添加关键帧，点击【滤镜】按钮，如图 10-111 所示。

图 10-110

图 10-111

05 将原有滤镜数值调为 0，点击✓按钮确认，如图 10-112 所示。

06 在视频素材末尾处点击+按钮，添加同样的一段视频，如图 10-113 所示。

图 10-112   图 10-113

07 选中第 2 段视频素材，点击【切画中画】按钮，如图 10-114 所示。

08 调整画中画轨道的视频素材位置，对齐原视频素材，然后点击【智能抠像】按钮，如图 10-115 所示。

图 10-114   图 10-115

09 选中第 1 段视频素材，点击【调节】按钮，如图 10-116 所示。

10 选择【亮度】选项，设置参数为 18，如图 10-117 所示。

图 10-116　　　　　　　　　　图 10-117

11 选择【对比度】选项，设置参数为 -18，如图 10-118 所示。

12 选择【光感】选项，设置参数为 15，如图 10-119 所示。

图 10-118　　　　　　　　　　图 10-119

13 选择【色温】选项，设置参数为 25，点击✓按钮确认，如图 10-120 所示。

14 返回初级界面，点击【特效】按钮，如图 10-121 所示。

图 10-120 图 10-121

15 点击【画面特效】按钮，如图 10-122 所示。

16 选择【自然】|【大雪】特效，调整参数后点击✓按钮确认，如图 10-123 所示。

图 10-122 图 10-123

17 返回初始界面，依次点击【音频】|【音乐】按钮，打开音乐库，如图 10-124 所示。

18 选择一首歌曲，点击【使用】按钮，如图 10-125 所示。

图 10-124　　　　　　　　　　图 10-125

19 调整音乐素材和视频时长一致，单击【导出】按钮导出视频，如图 10-126 所示。

20 在手机相册中播放并查看视频效果，如图 10-127 所示。

图 10-126　　　　　　　　　　图 10-127